착한 아이보다 주도적인 아이로
키우는 불량 육아

착한 아이보다 주도적인 아이로 키우는 불량 육아

초판 1쇄 2022년 07월 14일
지은이 김민소 | **펴낸이** 송영화 | **펴낸곳** 굿웰스북스 | **총괄** 임종익
등록 제 2020-000123호 | **주소** 서울시 마포구 양화로 133 서교타워 711호
전화 02) 322-7803 | **팩스** 02) 6007-1845 | **이메일** gwbooks@hanmail.net
© 김민소, 굿웰스북스 2022, *Printed in Korea*.
ISBN 979-11-92259-26-0 03590 | **값 15,000원**

착한 아이보다
주도적인 아이로 키우는
불량 육아

똑똑한 부모는 가르치지 않고 대화한다

김민소 지음

굿웰스북스

나는 열한 살의 남자아이와 일곱 살의 여자아이를 키우는 엄마이다. 우리 아이들은 또래와 비교하자면 꽤 주도적이다. 주위의 엄마들은 주도적으로 키울 수 있었던 육아에 대해서 물어왔다. 나의 육아법에 대하여 알려주면, 놀라워하는 엄마들이 많았다. 왜냐면 기존의 뻔한 육아가 아니라 과감하고 불량스러워 보이기도 하는, 색다른 육아였기 때문이다. 육아를 고민하는 많은 엄마에게 나의 육아법을 공유하고자 한다.

우리는 지구라는 별에 여행을 와서 유한한 시간을 보내다가 어디론가 돌아간다. 지구의 모든 사람에게 공평하게 주어지는 두 가지는, 하루 24시간과 한 번뿐인 인생이다. 부자라고 해서 하루 30시간을 보내고 두 번 인생을 살 수 있는 것은 아니다. 나는 한 번뿐인 나의 인생을 내가 주인이 되어, 꿈이라는 것을 마음껏 꾸면서 열정적으로 즐겁게 살다가 가고 싶다. 나는 나의 아이들도 그런 인생을 살기를 바란다.

하지만 안타깝게도 방향감을 잃은 채 바람이 이끄는 대로 바다 위를 떠다니는 한 척의 배와 같은 사람이 많다. 어쩌면 이 책을 읽는 당신도 삶의 목표를 잃은 채 방황하고 있을지 모른다. 이러한 어른이 부모가 된다면 아이도 함께 그 배에 탄 채 목적지 없이 이리저리 떠돌아다니게 될 확률이 높다.

영국의 총리 마거릿 대처가 한 유명한 말이 있다.

"생각을 조심해라. 말이 된다. 말을 조심해라. 행동이 된다. 행동을 조심해라. 습관이 된다. 습관을 조심해라. 성격이 된다. 성격을 조심해라. 운명이 된다."

사람의 생각과 습관은 너무나도 중요하다. 처음에는 사람이 습관을 만들어가지만, 시간이 흐르면 습관이 사람을 만들어간다. 부모라면 긍정적인 생각과 습관을 하도록 뼈를 깎는 노력을 꾸준하게 해야 한다. 그렇다. 말 그대로 뼈를 깎는 노력이다.

한 번 굳어진 생각과 습관은 바꾸기가 너무 힘들다. 귀찮고 힘들다고 해서 부정적이며 소극적인 생각과 나쁜 습관으로 살아간다면 애석하게도, 본인의 아이 역시 본인과 똑같은 어른으로 자라게 된다.

부모라면 자신의 아이가 '주도적인 아이'로 자라기를 바랄 것이다. 주도적이라는 말은 주체가 되어 이끌어간다는 의미이다. 주도적인 아이란 쉽게 말해 본인의 일을 스스로 알아서 잘하는 아이를 말한다. 이런 주도적인 아이로 키우기 위해서는 무엇이 필요한지 가만히 생각해보자.

운전을 잘하기 위해서는 어떻게 해야 할까? 사고가 날까 무섭더라도 용감하게 핸들을 잡고 꾸준하게 연습을 해야 한다. 신입으로 입사하여 일을 능숙하게 처리하려면 어떻게 해야 할까? 구박을 받더라도 참아내면서 꿋꿋이 반복하다 보면 따라가게 되어 있다. 다이어트를 하려면 어떻게 해야 할까? 먹고 싶은 욕구를 조절하고 귀찮고 힘들더라도 운동을 해야 한다.

그렇다면 아이가 스스로 잘하는 아이로 자라나게 하기 위해서는 어떻게 해야 할까? 아이가 스스로 생각하고 결정할 기회를 충분히 주면 된다. 반복하고 또 반복하면서 실패도 하고 성공도 해보는 시간을 가져야 한다. 하지만 많은 부모가 아이에게 성공할 기회도 실패할 기회도 주지 않은 채, 아이의 인생을 대신 살아주려 한다.

주도적인 아이로 키우고 싶다면 아이 인생의 주인은 부모가 아니라 아이라는 걸 반드시 잊지 말아야 한다. 아이는 나와는 엄연히 다른 인격체임에도 불구하고, 아이를 부모의 미니어처 혹은 부속품인 듯 대하는 부모가 많다. 그러한 부모에게서 자라는 아이는 결코 주도적인 아이로 자랄 수가 없다.

아이가 주도적이고 긍정적인 인생을 살기를 바란다면, 부모가 먼저 바뀌어야 한다. 육아를 고민하는 부모들이, 자신의 아이를 주도적인 아이로 키워내는 데 도움이 되길 바라는 마음에 이 책을 쓰게 되었다. 아이를 키우는 것은 참으로 힘든 일이다. 하지만 많은 부모가 육아를 고민하고 공부하고 스스로 바뀌기 위해 지금도 노력을 하고 있다.

육아는 장기전이다. 마음을 급하게 먹지 말고 힘을 좀 빼고 편하게 육아를 해보자. 그리고 아이만 신경 쓰지 말고 부모 자신의 인생도 중요하다는 것을 잊지 말자.

끝으로 작가가 될 수 있도록 길을 안내해준 〈한국책쓰기강사양성협회〉의 김태광 대표님께 감사의 말을 전한다. 그리고 이 책의 주인공인 내 아들 시우와 내 딸 시아에게 이 책을 선물하려 한다. 조연이 아닌 주연이 되어, 멋지게 살아갈 너희들의 인생을 엄마가 응원한다.

사랑해.

2022년 7월
작가 김민소

목차

2장 나는 다르게 키우고 싶었습니다

3장 아이의 주도성을 높이는 불량 육아의 비밀

4장 부모의 믿음이 아이를 크게 키운다

나는 육아가
왜 이렇게
힘든 걸까?

1

나는 한부모 가정에서 자란 엄마입니다

나는 여섯 살 때 엄마에게 버려졌다. 오랫동안 엄마가 없는 불쌍한 아이라는 이야기를 듣고 자랐다. 엄마가 없는 아이로 자란다는 것은 서글 픈 일의 연속이었다. 넘어지더라도 일으켜주는 사람이 없었고 상장을 타오는 날에도 엉덩이 두드려주며 칭찬해주는 사람이 없었다. 찌개와 반찬이 차려진 제대로 된 밥상을 받아본 적도 없고 늘 똑같은 반찬이 담긴 꼬질꼬질한 도시락통이 수치스러웠다.

나의 사정을 뻔히 알고 있는 그 작은 시골 동네를 얼른 떠나고 싶은 마음이 가득했다. 엄마와 아빠가 모두 있는 아이들보다 더 똑똑하고 잘난 아이로 자라기 위해서 온갖 노력을 다했다. 노는 것도 1등, 공부도 1등,

성격도 1등, 무엇이든 최고가 되어서, 엄마가 없는 불쌍한 아이라고 이야기하는 그들에게 언젠가는 한 방을 먹이겠노라 생각하며 살았다.

중학교 때 친구 집에 놀러 갔던 일이 생각난다. 놀다 보니 저녁 시간이었고 친구 엄마가 저녁밥을 차려두었으니 먹고 가라고 했다. 친구의 부모님과 함께 식사하게 되었다. 두부와 고기가 가득 들어 있는 된장찌개와 갖가지 반찬들이 너무 맛있었다. 엄마와 아빠와 함께 웃으면서 이야기하며 밥을 먹는 친구가 너무 부러웠다. 나도 그 가족이 되고 싶었다.

아빠는 엄마가 사고 친 빚을 갚느라 허덕거렸고, 집 나간 며느리로 인한 충격으로 치매가 일찍 온 할머니는 온전히 나를 돌볼 여력이 없었다. 누군가에게는 당연하게 주어지는 엄마와 아빠가 왜 나에게는 간절히 원해도 얻을 수 없는 것일까? 세상을 참 오랫동안 원망하고 살았다.

오랜 시간 엄마의 부재 속에 자라면서 나는 강한 사람이 되었다. 나는 한부모 가정에 놓인 아이들이 불쌍하다고 생각하지 않는다. 어른들의 잘못된 시선이 아이가 스스로를 세상에서 제일 가엾고 불쌍한 존재라고 인식하며 자라게 한다. 나는 어렸을 때 나를 향해 불쌍하다고 말하는 어른들을 원망하고 살았다.

그렇게 불쌍하면 돈이라도 보태주거나 옷, 장난감, 신발, 쌀이라도 보태주고 얘기를 하던지. 아무것도 도움을 주지 않을 거면서 입으로만 불

착한 아이보다 주도적인 아이로 키우는 불량 육아

쌍하다고 혀를 끌끌 차는 그런 어른들이 혐오스러웠다. 나는 누구보다 멋진 사람으로 자랄 거니까 두고 보라는 독한 마음을 품고 자랐다. 그러한 결핍과 고통이 지금의 나를 만들었다.

결핍을 느끼고 자란다는 것은 어찌 보면 강한 사람으로 자랄 기회를 얻은 것이다. 한부모 가정에 태어난 것, 장애를 가지고 태어난 것, 가난한 집에 태어난 것, 다양한 결핍의 환경에서 자라게 된다는 것은 내가 거부할 수 없는 일이다. 유감스럽지만 아이가 받아들여야 하는 현실이다. 만약 주변에 이런 결핍을 가진 아이가 있다면 동정하거나 안타까워하지 말자. 그 결핍을 오히려 기회로 삼아 더 큰 어른으로 자랄 수 있도록 응원을 해주기를 바란다.

사랑을 받고 자라지 못한 사람은 사랑을 주지 못한다는 말을 많이 들었다. 이러한 선입견은 그 사람에게 족쇄를 채운다. 사람 사이에 충분히 있을 수 있는 문제에 당면해서도 '내가 사랑을 받지 못하고 자라서 그런 걸까?'라는 쓸데없는 생각의 오류에 빠지게 한다.

말 그대로 쓸데없는 생각이다. 살인, 성폭력, 데이트 폭력, 아이를 학대하거나 낳자마자 죽게 하거나 버리는 안타까운 사건들에 관한 이야기들을 쉽게 들을 수 있다. 그런 사건을 저지르는 사람들은 모두 사랑을 받지 못하고 어린 시절을 보냈기 때문에 그런 끔찍한 범죄를 저지르는 것일까? 아니다. 사람의 인격이라는 것은 많은 것들에 영향을 받기 때문에 어느 하나를 딱 꼬집어서 말할 수 없다.

다른 사람을 사랑하는 감정은 인간의 본능이다. 훈련과 경험의 반복으로 그 감정이 생기는 것이 아니다. 자신을 사랑하고 아끼는 사람은 누군가를 사랑할 수 있는 사람이다. '사랑을 받지 못하고 자란 사람은 사랑을 주지 못한다.'라는 말 대신 '자신을 사랑하지 않는 사람은 사랑을 주지 못한다.'라고 말하는 것은 어떨까?

동화책의 내용은 아주 오랜 시간이 지났는데도, 왜 이리도 바뀌지 않을까? 동화 속에 등장하는 신데렐라, 백설 공주는 새엄마의 괴롭힘을 받으며 살면서도 찍소리하지 못하는 착한 아이로 그려진다. 착한 아이는 그렇게 현실과 타협한 채 살아가다가 운이 좋게 왕자를 만나 행복하게 살게 되었다는 이야기가 결론이다. 지금 시대와는 너무나도 맞지 않는 이야기이다.

나는 아이들과 동화의 내용을 다른 눈으로 해석하여 만들어보는 놀이를 자주 했었다. 지금까지 알고 있었던 이야기가 전부가 아니며, 같은 상황이더라도 다른 눈으로 해석하면 전혀 다른 이야기가 만들어진다는 것을 알게 해주고 싶었다. 사람은 누구나 보고 싶은 것만 보고, 듣고 싶은 것만 듣기 때문에, 좁은 식견에 갇혀버리기 쉽다. 그런 어른을 통해 자라는 아이들도 물론 좁은 식견을 가지게 될 것이다.

"어쩌면 신데렐라는 착한 아이가 아니라 똑똑하고 계획적인 아이일지도 몰라."

엄마가 일찍 돌아가셨지만, 아빠와 둘이서도 신데렐라는 잘살아가고 있었다. 그러던 어느 날, 새엄마와 새언니가 집에 오게 되었다. 재산을 가로채기 위해 무서운 계획을 짜고 있는 그녀들의 계획을 신데렐라는 듣게 되었다. 신데렐라는 그녀들과 맞서 싸우다가 새엄마와의 갈등이 극에 치달았다.

혼자 힘으로는 그녀들을 이길 수 없다고 계산한 신데렐라는 더 큰 힘이 필요함을 느꼈다. 그러다가 무도회가 열린다는 이야기를 듣고 왕자와 결혼하는 것을 목표로 세웠다. 이것만이 아빠와 재산을 지킬 수 있는 길이라는 것을 본능적으로 안 것이다. 왕자를 유혹하고 그를 애태우기 위해 고의로 유리구두 한 짝을 흘리고 간다. 신데렐라의 계략에 넘어간 왕자는 방방곡곡 신데렐라를 찾으러 다닌다. 신데렐라의 집을 방문한 왕자에게 최대한 공손하고 가녀린 모습을 보이며 남은 유리구두 한 짝을 슬며시 보여준다.

신데렐라는 왕자와 결혼에 성공하고 새엄마와 새언니를 본인 눈앞에서 처형하고, 당당하게 아빠와 재산을 지켜낸 강한 사람일지 모른다. 착하게 사는 사람만이 행복하게 살 수 있다는 메시지를 동화책은 은근히 아이들에게 주입하고 있다. 이 시대를 사는 어른들도 이 동화 내용에 그

1장_ 나는 육아가 왜 이렇게 힘든 걸까?

간 너무 익숙해진 나머지, 착하게 살아야 복을 받는다고 생각하는 사람이 많다.

결손 가정 등 열악한 환경에서 자라는 사람은 순종적이고 힘없는 수동적인 존재여야 한다는 듯 묘사되는 부분도 지극히 문제가 있다. 부모가 먼저 단단하게 고정된 틀을 깨야 한다. 이러한 틀은 편협한 사고를 갖게 하고 선입견을 지니게 한다. 다른 시선으로 상대방을, 그리고 사회를 볼 줄 알아야 한다. 이러한 넓은 사고가 습관이 된다면 어떠한 문제에 부닥치더라도 유연하게 지혜롭게 대처할 수 있게 된다.

부모에게서 느꼈던 감정과 환경, 부모의 생각과 가치관은 아이에게 지대한 영향을 미친다. 그러한 것들은 아이가 자라 어른이 되어 자신의 아이를 육아할 때 고스란히 드러난다. 아이가 잘못했을 때 나무라는 모습, 아플 때 안아 주며 위로하는 모습, 아이에게 일상적으로 대하는 태도와 습관 등은 자신을 키워준 부모와 묘하게도 닮게 된다. 자라면서 무의식에 각인이 되기 때문이다.

오죽하면 그 부모에 그 자식이라는 말이 있겠는가. 아빠가 엄마를 구타하는 모습을 보고 자란 아들은 결혼해서 본인은 그러지 않겠다고 하지만 자기도 모르게 손이 올라가는 충동을 느낄 때가 있을 것이다. 촉새처럼 늘 쪼아만 대는 엄마의 말버릇과 행동을 보며 진절머리를 냈던 딸은 어른이 되어 본인이 엄마와 똑같은 사람이 되어가고 있다는 것을 느끼게

착한 아이보다 주도적인 아이로 키우는 불량 육아

된다. 그렇다면 나 또한 아이들을 버리고 가출할 수 있는 엄마가 되는 건가?

무의식을 통제해야 한다. 이런 아픈 과거가 있는 부모라면 남들보다 더 많이 노력하고 본인을 조절해야 한다. 누가 해줄 수 있는 것이 아니다. 어렸을 때는 부모 탓, 세상 탓을 하며 살아갈 수 있다. 하지만 어른이 되어서도 언제까지 누구 탓만 하고 살아갈 수는 없다. 지금 현재의 본인의 모습과 아이의 모습은 자신이 만들어낸 결과물이라는 것을 알아야 한다.

나는 내가 자랐던 친정은 내 팔자이며 돌이킬 수 없는 일이니 깔끔하게 포기했다. 하지만 사랑하는 내 아이에게까지 내가 과거에 이런 집안에서 자랐기 때문에, 이런 엄마밖에 될 수 없다는 못난 모습을 보여주고 싶지 않았다. 나는 나의 아이들에게 알려주고 싶었다. 사람은 자신이 생각하는 그대로의 인생을 살게 되며, 때로는 결핍이 오히려 강한 힘을 발휘할 수 있다는 것을 말이다.

2

육아 우울증에 빠지다

"드르륵~ 드르륵. 솨~악 솨~악."

새벽마다 안방에는 요란한 소리가 울려 퍼졌다. 유축기를 이용하여 젖을 짜는 소리이다. 젖 양이 너무 많아서 몇 시간이 지나지 않아 젖이 차올라 너무 아팠다. 잠에서 깨어나면 흥건히 젖은 수유 패드의 시큼한 냄새가 역겨웠다. 반은 감긴 눈으로 헝클어진 귀신 같은 머리를 한 채로 젖을 짜냈다. 하나 가득 짜낸 젖을 모유 팩에 옮겨 담아 날짜를 적고 냉동고에 넣었다. 이미 냉동고는 그간 짜낸 젖들로 인해 꽉 찼다. 그렇게 깨어버린 새벽에는 다시 잠들기가 어려웠고 홀딱 밤을 새워버리는 날이 많았다.

착한 아이보다 주도적인 아이로 키우는 불량 육아

어느새 아기는 깨어나고 육아가 다시 시작된다. 돌이 넘도록 모유를 먹였다는 이야기를 들은 사람들은 대단하다고 칭찬을 했다. 솔직히 분유를 먹이기 위해 노력을 무수히 많이 했었지만 실패한 거다. 모유를 먹이다 보니 아기 옆에서 꼼짝달싹하지 못하니 미쳐버릴 것만 같았다. 분유도 요즘에는 너무 잘 나오기 때문에 굳이 모유만을 먹이겠다고 고집할 필요가 없다. 분유를 먹이는 엄마는 모유를 먹이는 엄마보다 아기한테서 자유로울 수 있다.

모유 양이 너무 많다 보니 아기가 젖 먹다가 사레가 들리고 젖이 아기 얼굴과 머리에 사방팔방 튈 때가 많았다. 어디서든 아기가 배고파하면 티셔츠만 '스윽' 끌어올리면 그 자리에서 해결되었다. 누군가는 모유 양이 많아서 좋겠다며 부러워하기도 했지만, 우울감에 사로잡혀 있었던 그 당시 나는 나 자신을 '움직이는 아기 밥통', '젖소', 그 이상도 그 이하도 아닌 듯이 느꼈었다.

그때 당시 아이를 맡겨두고 코에 바람이라도 넣을 여유가 있었더라면 육아로 인한 우울감이 덜했을지 모른다. 아이가 태어나고 아줌마가 되어 곰팡이 가득한 눅눅한 빌라에서 대화가 되지 않는 아기랑 단둘이서 종일 있어야 하는 일은 쉽지 않았다.

시원한 커피숍에서 음악을 들으며 커피 한잔을 마시고 싶었다. 아이를 유모차에 태워 커피숍으로 향했다. 다행히 유모차에서 아이는 잠이 들었다. 드디어 자유다. 유모차를 살금살금 몰고 구석진 자리를 차지하고 앉았다. 혼자만의 시간이 눈물 날 정도로 소중하고 감사했다. 커피도 조금씩 아껴 마시며, 책을 펼쳤다.

그렇게 조심했건만 아기는 눈을 번쩍 뜨더니 칭얼거리기 시작했다. 공든 탑이 무너진 기분이랄까? 아기를 아무리 안고 달래봐도 소용이 없었고, 주위에서는 슬슬 눈치를 주었다. 다 마시지도 못한 커피를 버리고 아이를 안고 유모차를 끌면서 커피숍을 나왔다. 서글펐다. 커피 한잔조차 여유롭게 못 마시다니 말이다.

아기의 지독한 잠투정, 떨어질 줄 모르는 초강력 껌딱지로 인하여 내 정신은 너덜너덜 찢어졌다. 모유 수유를 하다 보니 허리가 부서질 듯 아픈데도 약을 먹지를 못했다. 어느 날은 신랑에게 아이를 맡기고 물리치료를 받기 위하여 정형외과에 간 적이 있었다. 물리치료실 침대에 종일 누워 있고 싶었다. 아기가 없이 혼자 있다는 것은 꿈만 같은 행복한 일이었다.

30분이 채 지나지 않았는데 신랑에게 전화가 왔다. 전화기 너머 아기의 울음소리가 찢어질 듯이 들려온다. 나의 마음도 찢어졌다. 급하게 집으로 가보니 눈물 콧물 범벅이 되어 아이는 울고 있었다. 아기는 그렇다 치고 신랑에게 서러운 마음이 폭발했다.

착한 아이보다 주도적인 아이로 키우는 불량 육아

"아기 하나 제대로 보지 못하고 전화를 그새 한 거야?"

어느 프로그램의 '오프닝 멘트'처럼 우리 부부 사이는 아기를 키우면서 에로는 사라지고 애로만 남은 그런 사이가 되어버렸었다.

예전에 재미있게 들었던 이야기가 생각난다. 비구니가 산에서 수양을 하다가 남자를 만나게 되었다. 사랑에 빠져서 아기를 가지게 되었고 마을에 내려와 비구니가 아닌 평범한 여인의 삶을 살게 된다. 아기를 키우면서 비구니가 이런 말을 했다고 한다. 산에서 10년 동안 수양을 할 때가 오히려 더 편했다고 말이다. 오죽하면 옛 어른들이 아이 안 보고 밭일을 하겠다고 했겠는가.

아이를 키우는 것은 너무 힘든 일이다. 내 아들, 딸을 위해서라도 노후에 손주와 손녀를 주말에 가끔이라도 돌봐주어야겠다는 생각이 들었다. 부부가 둘만의 데이트를 하고 혼자만의 시간을 갖는 것은 꼭 필요하다. 부모의 정신 건강과 행복감은 육아의 질을 결정하는 데 너무나도 중요한 요소이다. 며느리가 행복하면 결국 이득을 보는 것은 내 아들이다. 육아 우울증은 누군가가 옆에서 얼마나 도와주냐에 따라 충분히 좋아질 수 있는 문제이다.

육아 우울증을 심하게 앓는 엄마의 안타까운 사건들은 심심치 않게 접할 수 있다. 아기와 함께 아파트 밖으로 몸을 던져버리는 엄마, 아기를 두고 옆에서 목숨을 끊어버리는 엄마, 아기를 던져버리는 엄마 등 뉴스에서도 쉽게 찾아볼 수 있다. 아이를 키워보지 않는 사람들은 그 고통이 공감되지 않으니 '나쁜 년'이라고 욕하기 바쁘다.

물론 그 행위 자체는 비난을 받아야 마땅한 일이다. 하지만 고된 육아를 해본 사람들은 그 엄마의 심정을 조금이나마 공감할 것이다. 그러한 상황까지 갈 동안 그 엄마가 느꼈을 고통과 외로움과 불안이 짐작되니 마음이 아려온다. 우울증으로 인하여 자살을 선택한 사람들을 두 번 죽이는 행위를 하지 말자. 그 사람들은 죽고 싶어 죽었겠는가? 우리와 똑같은 약한 사람이다.

본인이 육아 우울증을 앓고 있는 사람처럼 느껴진다면 그 감정부터 먼저 인정해야 한다. 육아 우울증은 정신병이 아니다. 죄책감을 느끼고 부끄러워할 일이 아니라는 것이다. 우울해서 내가 죽을 것 같이 고통스럽다면 정신과에 가서 상담을 해보는 것을 권유한다. 육체가 면역이 떨어지고 스트레스를 받으면 감기가 쉽게 걸리는 것처럼 우리 마음도 똑같다. 육아라는 것은 굉장한 육체적, 정신적 스트레스를 동반한다. 그러니 내 정신이 온전할 수 없는 상황이 충분히 올 수 있다. 정신의 면역력이 약해진 것이다.

나도 육아로 인해 우울한 감정을 느껴봤고 주변에 그러한 경험을 하는

착한 아이보다 주도적인 아이로 키우는 불량 육아

사람들도 많다. 혼자만 겪는 심각한 정신 질환이 아니다. 결국은 시간이 지나면 해결된다. 그 시간을 버티는 게 문제이지만 말이다. 미쳐버릴 것 같다면 아이를 어린이집에 일찍 보내자. 우리 집 둘째도 돌이 조금 안 되었을 때 어린이집에 가기 시작했는데, 염려와 달리 너무 재미있게 잘 다녔다. 그 시간에 스트레스를 풀 수 있는 본인만의 시간을 보내야 한다. 나 같은 경우는 육아휴직이 끝나고 복직을 하니까 육아 우울증이 많이 없어졌다.

아이가 실제 다섯 살 정도만 되어도 대화가 어느 정도 통하고 아이가 스스로 할 수 있는 일이 있다 보니 육아가 이전보다는 수월하게 느껴질 것이다. 다섯 살부터 주도성이 발달한다. 다섯 살이 되기 전에 주도성의 씨앗인 자율성을 키우는 데 부모는 힘을 많이 써야 한다. 그래야지 다섯 살 이후에 엄마가 조금은 편할 수 있다. 아이가 할 수 있는 일인데도 불구하고 하나부터 열까지 다 해주려고 하다 보면, 결국은 엄마가 지친다. 의존적인 아이는 징징거리면서 엄마한테 뭐든 해달라고 매달리는 게 습관이 되어버렸을 확률이 높다.

나의 이름으로 사는 인생을 잠시 접어두고 아이의 엄마로서의 인생을 사는 것은 어찌 보면 슬픈 일이기도 하다. 더욱이 왕년에 잘나갔던 사람이었더라면, 상실감으로 인한 우울감에 빠질 확률이 더 높다. 육아하는 동안 경제적인 어려움마저 겪는다면 이는 우울증으로 가는 지름길이다.

나는 아기가 태어나고 빌라가 가득한 시골의 허름한 동네에서 살았는데 아파트처럼 산책하면서 엄마들과 어울릴 일이 없었다. 햇빛과 바람이 들지 않는 곰팡이 가득한 눅눅한 집이 답답하여 아기를 유모차에 태워서 자주 나갔었다. 나가서 갈 데라곤 동네 골목이 다였다. 여기저기 쪼그리고 앉아 담배를 피워대는 아이들, 아무 데나 버려진 쓰레기들, 아무렇게나 말을 주고받는 동네 사람들로 인해 우울감은 더해졌다.

외벌이 살림이었고 더군다나 신랑은 박봉이었다. 친정과 시댁은 손주한테 관심 있는 사람이 없었고 그 흔한 쌀 한 톨조차 고생한다고 받아먹을 일도 없었다. 이모저모로 상황이 총체적으로 좋지 않았다. 그렇다 보니 나는 육아로 인한 우울증이 오래갔었다. 육아 우울증은 이런 외부적인 환경의 영향을 상당히 많이 받으므로 환경의 셋팅이 너무나도 중요하다.

운동, 취미 활동, 공부 등 어떠한 것이든 나를 위한 즐겁고 긍정적인 일을 찾아야 한다. 잠깐이라도 아이의 존재를 잊고 나의 이름으로 지낼 수 있는 발전적인 시간을 만들어야 한다. 후줄근한 모습으로 집에서 무기력하게 누워만 있고 TV 보고 게임만 하는 부질없는 시간이 계속되면 그 자체가 우울증을 불러일으키게 된다.

이제부터 우중충하고 축 처진 몸과 정신을 다시 정비하자. 육아 우울증을 해결하는 솔루션은 엄마로서의 인생만 살면서 아이한테 집착하지 말고, 나를 찾고 내 인생을 사는 것이다. 축 늘어진 촌스러운 옷은 그만 입고 예쁜 옷을 사 입고, 머리도 염색하고, 살도 좀 빼고, 화장도 하고 예전의 나의 모습으로 돌아가자. 엄마가 행복해야 아이와 함께하는 가정이 행복한 법이다.

3

불안한 내가 만난 나의 불안한 아이

공황장애가 있었다. 가슴이 터질 것 같고 답답하며, 질식할 듯한 느낌이 갑자기 들이닥쳤다. 속이 매스껍고 쓰러질 것 같은 기분에 죽을 것 같은 공포심을 느꼈다. 지금 상황이 비현실적으로 느껴지는 묘한 기분이 들기도 했다. 더 무서운 것은, 언제 또 갑자기 찾아올지 모르기 때문에 늘 불안하다는 것이었다.

결혼하고 많이 좋아졌던 공황장애가 아이를 키우면서 나에게 찾아오는 횟수가 늘어났다. 특히 신랑이 심근경색으로 쓰러지고 난 후에는 더 자주 찾아왔다. 신랑이 혹시라도 잘못되면 어떡하나 하는 불안한 생각이

착한 아이보다 주도적인 아이로 키우는 불량 육아

들면 순식간에 공황장애에 잡아먹혔다. 쿵쾅거리는 심장 소리가 내 귀에까지 들려오고 숨이 턱까지 차오르는 기분이 들었다.

아이와 둘이 있을 때면 혹시나 쓰러질까 봐 두렵고 불안했다. 공황장애를 겪어보지 않은 사람은 이런 공포를 상상하기 힘들 것이다. 그럴 때마다 자리를 박차고 일어나 물을 한 컵 들이키고 숨을 크게 몰아쉬었다. 나의 이 불안한 눈빛을 아이가 읽어버릴까 봐 걱정되어, 그럴 때면 아이에게 만화영화를 틀어주고 한참을 그렇게 멍하니 서 있어야 했다.

이런 불안한 내가 아이를 잘 키워낼 수 있을지 자신감을 잃을 때가 많았다. 하지만 내가 자신감이 있고 없고의 문제와 상관없이, 엄마라는 이름으로 당연히 해야 하는 일이 육아였다. 내가 아파도, 피곤해도, 짜증이나도, 슬퍼도 그런 나의 감정과 처지 따위는 아이가 입장을 헤아려주지 않는다. 그렇다 보니 육아가 고통으로 느껴지는 시간이 많았다.

둘째가 태어나고 얼마 지나지 않아 신랑이 심근경색으로 쓰러졌었다. 그때부터 둘째 아이의 존재에 대한 부담감이 나를 너무 우울하게 만들었다. 심근경색이라는 병을 몰랐다면 마음이라도 편했을 것이다. 병원에 근무하면서 심근경색이 재발하고 예후가 안 좋은 경우를 본 경험이 많다 보니 불안했다. 그 불안한 마음은 신랑과 둘째 아이에게 그대로 전달이 되었다.

31

신랑이 쓰러지고 나서 며칠 후 비슷한 증상이 생기는 바람에 집 근처 대학병원 응급실을 부랴부랴 방문했었다. 첫째 아이는 유치원에 가 있었고 둘째는 품에 안겨 있었다. 응급실은 인산인해였는데 심근경색 환자라는 이야기를 듣더니 바로 순서를 앞당겨서 봐주었다. 그 많은 환자를 미루어버리고 가장 먼저 들여다봐주어야 하는 그런 무서운 병을 신랑이 앓고 있다는 사실에 맥이 빠졌었다.

응급 환자 중에서도 집중적으로 봐야 할 환자들을 따로 두는 방이 있었는데, 그 방으로 신랑이 들어가게 되었다. 산소마스크를 한 채 기계를 줄줄이 달고 입원해 있는 중환자들 옆에 신랑이 누워 있었다. 아기가 품에서 울어대니 응급실에서 쫓겨났다.

몇 시간 후에 첫째를 유치원에 픽업하러 가야 했다. 그런데 둘째는 찢어지듯이 울고 있었다. 누군가에게 도움을 요청하는 것을 죽을 만큼 싫어하는 나였지만 시어머니께 전화할 수밖에 없었다. 하지만 시어머니는 모임을 가는 길이라면서 알아서 하라고 했다. 멘탈이 붕괴가 되었다.

아들이 심근경색을 진단받은 지 얼마 되지 않았는데도 모임을 가는 시어머니를 나는 받아들이기가 힘들었다. 내 상식으로는 모임에 갔더라도 이 상황이면 바로 달려와야 하는데 말이다. 나의 상황을 공감하고 위로를 받고 싶은 마음이었는데, 나는 그렇게 거부를 당했다.

착한 아이보다 주도적인 아이로 키우는 불량 육아

한동안 시부모님과 왕래를 끊었다. 섭섭함을 넘어서 원망스럽기까지 했다. 이 하늘 아래에 나를 도와줄 사람이 아무도 없다는 절망감에 빠져 헤어 나오기가 힘들었다. 온갖 부정적인 감정에 휘말리니, 둘째가 없었더라면 이토록 힘들지 않았을 거라는 나쁜 생각이 자꾸만 나의 머릿속을 꽉 채웠다. 멀찌감치 떨어져 신랑을 바라보았다. 그런 나의 눈빛을 느꼈는지 신랑은 의료진을 불러서 그냥 집에 간다고 했고, 우리는 불안한 마음을 한가득 품에 안고 응급실을 나왔다. 그야말로 자의 퇴원이다. 쉽게 말해 죽을 수도 있다는 걸 충분히 알고 내 발로 나가는 거니, 무슨 일이 생기더라도 병원 책임을 묻지 않겠다는 것이다.

그날 이후 둘째 아이에게 수시로 나쁜 말을 했었다.
"너 때문에 엄마가 너무 힘들잖아."
"왜 이렇게 나를 힘들게 하는 거야?"
"아휴~."

첫째 아이에게는 한 번도 하지 않는 그런 독한 말들을 돌이 채 안 된 아기에게 그렇게 했었다. 더군다나 둘째는 이유식 거부도 심하였다. 나는 짜증이 극에 달해서 아이 앞에서 숟가락을 내던져버린 적도 있었다. 내 평생에 나를 버리고 집을 나간 친정 엄마라는 존재가 그토록 그리웠던 적은 그때가 처음이었다. 힘들지 않냐고 위로해주고 반찬과 국거리를 가져다주고 손주와 손녀를 돌봐줄 테니 쉬라고 이야기하는 그런 친정 엄마 말이다.

사람이 부정적인 상황에 빠져 있게 되면 그럴수록 정신 줄을 놓지 말아야 하는데, 나는 그때 실수를 많이 했었다. 하면 안 되는 나쁜 행동이었다. 예전에 아이가 없을 때 어떤 엄마가 본인의 아이에게 소리를 지르면서 울며 발악하는 것을 본 적이 있다. 본인의 머리칼을 다 잡아 뜯듯이 움켜잡는 것을 보고 깜짝 놀랐었다.

'미쳤구나. 본인의 아이한테 뭐 하는 짓이야. 창피한 것도 모르네.'

아이를 키워본 적이 없던 나는, 그녀를 털끝만큼도 이해할 수 없었다. 하지만 아이를 놓고 키워보니 그동안 이해 불가였던 많은 것들이 이해가 되었다. 유모차를 멀쩡히 두고 아이를 안고 힘들게 걸어가는 부모, 대충 묶은 머리를 한 채 축 늘어진 옷을 입고 슬리퍼를 끌고 골목을 다니는 아이 엄마들, 마땅히 쇼핑할 것이 없어 보이는데 장난감 진열대 주변을 아이 손을 잡고 어슬렁거리는 부모들, 유모차를 끌면서까지 굳이 커피숍에서 커피 마시는 엄마. 그 상황이 직접 되어보지 않고는 이해하기 힘든 것들이다.

내가 그동안 아이한테 했던 못된 행동을 합리화하려는 것도 아니고 누군가에게 이해를 바라는 것도 아니다. 하지만 그 당시에 힘들었던 나의

착한 아이보다 주도적인 아이로 키우는 불량 육아

감정조차 부인하고 싶지는 않다. 반성했다. 아니, 아이가 나를 반성하게 했다. 둘째가 네 살쯤이었다. 첫째와 둘째가 말다툼을 벌이고 있었다. 나는 둘이 싸울 때 누구의 편을 절대 들지 않는다. 아이들의 입장을 각각 정리해서 이야기하는 중인데, 둘째가 닭똥 같은 눈물을 흘렸다.

"엄마는 나를 싫어하지? 나 안다고. 오빠만 좋아하는 거 알고 있다고. 나는 가슴이 작아서 너무 아프다고."

한참을 멍하니 앉아 있었다. 어떤 말도 할 수가 없었다. 아이라는 존재는 나이가 몇 살이 되었든, 아무것도 모르는 존재가 전혀 아니다. 아이는 독화살 같았던 나의 모진 말들을 가슴속에 쌓아두고 있었다. 그날 밤 잠든 아이를 한참이나 지켜보면서 후회했다. 첫째 아이한테 정성을 쏟은 그 반만큼이라도 너에게 쏟았더라면, 네가 이토록 마음 다치지 않았을 텐데.

처음부터 불안한 아이가 태어나는 것이 아니다. 불안한 부모가 불안한 육아를 하면, 불안한 아이가 자라는 것이다. 둘째 아이는 오랫동안 나에게 잘 보이려 노력하고 손가락 하나라도 나의 살과 붙어 있으려 했다. 흘깃흘깃 나의 표정을 살피고 엄마 말에 무조건 따르려고 하는 게 눈에 보여 애처로웠다. 둘째 아이가 불안해 보였다.

그렇게 둘째를 계속 모른 척 내버려 두면 건널 수 없는 강을 건너게 될 것 같았다. 둘째 아이에 대한 나의 육아를 바꾸기 위해 나는 부단히 노력했다. 감사하게도 아이는 그런 엄마의 노력에 많이 따라와주었다. 오히려 기대 이상의 놀라운 변화를 보여주며 나를 더욱 미안하게, 그리고 행복하게 만들었다.

아이는 정말 위대한 존재이다. 신께서 모든 곳에 다 존재하지 못하기 때문에, 엄마라는 존재를 두었다는 말이 있다. 그런 위대한 존재를 잉태하고 출산하고 키워내고 있는, 우리 부모들 또한 위대한 존재이다. 아이는 지금 부모의 변화를 바라고 바라면서, 메시지를 계속 당신에게 던지고 있을지 모른다. 마음이 불안한 부모가 있다면 이 점 하나만 기억하자. 모든 변화의 시작은 아이가 아니라, 부모여야 한다는 걸 말이다.

착한 아이보다 주도적인 아이로 키우는 불량 육아

4

내가 엄마로서 자격이 있을까

아이를 가지기 위해 숱한 노력을 했었다. 다낭성 난포 증후군이 있다 보니 결혼하기 전에는 생리한 적이 손에 꼽을 정도였다. 사두었던 생리대는 묵히고 묵혀서 버리는 것들도 많았다. 아이를 가질 생각이 아니, 결혼할 생각이 없었기 때문에, 남들이 생리 때문에 힘들어할 때도 나는 홀가분했다.

그러던 내가 결혼을 하고 남편과 함께 마트를 가는데, 아이와 함께 장을 보러 온 부부가 그렇게 부러울 수가 없었다. 고민 끝에 산부인과에 가서 불임 치료를 받기 시작했다. 배란 유도제를 먹고 나서 정해준 날에 사랑을 나누고, 상상 임신 놀이를 한 적도 숱하게 많았다.

이번에는 성공일 거라는 기대감에 최대한 많은 회사의 임신 테스트기를 사 왔다. 한 줄이 나오고 또 한 줄, 또 한 줄, 그렇게 휴지통에 버려지는 임신 테스트기가 쌓여갔다. 한 줄이 두 줄로 보이는 마법 같은 일이 일어나기도 했다. 두 줄이 너무나도 간절하게 보고 싶었다. 인터넷에 떠도는 수정이 잘되는 방법을 최대한 찾았고, 시도를 안 해본 게 없었다. 나의 간절함에도 불구하고 소식이 없었다.

그러던 중 갑자기 이사하게 되었다. 이것저것 신경 쓸 일이 많다 보니 임신 계획은 미루어졌다. 신기하게도 그때 우리 첫아이가 찾아왔다. 자연 임신으로 말이다. 마음을 편하게 내려놓으면 자연으로 임신이 된다는 선배 엄마들의 말이 정말이었다.

"아가야. 내가 엄마야."

'엄마'라는 그 단어를 말하는데 목소리가 떨렸었다. 뭉클했던 그 순간을 잊을 수가 없다. 아이와 함께하는 열 달이라는 시간 동안 잠깐이라도 아이의 존재를 잊어버리고 산 적이 없었다. 늘 아이에게 종알종알 참 많은 이야기를 해주었다. 아이는 내 말에 대답이라도 하듯 꿈틀거리며 반응했다. 아이가 태어나는 날에 참 많이 울었다. 내 품에 아기를 안을 수 있다는 그 감격보다는, 열 달 동안 늘 나와 함께했던 소중한 친구가 떠나는 섭섭하고 허전한 기분이 들었다.

착한 아이보다 주도적인 아이로 키우는 불량 육아

아이가 태어나고 한동안은 내가 엄마 노릇을 잘하고 있는 건지 자꾸만 의심이 갔다. 나 자신에게 묻고 물었지만, 답은 없었다. 늘 고민만 하다가 그 자리였다. 그렇게 기다리고 기다리던 소중한 나의 아이를 키우면서 내가 엄마자격이 있는 걸까 라는 의심이 생기다니 정말 알 수 없는 일이었다. 왜 나는 이런 감정이 들었던 것일까?

아이가 태어나기 전에는 마냥 행복하고 소중한 기쁨의 날들이 펼쳐질 거라는 기대와 핑크빛 미래만 그렸었다. 하지만 현실은 전혀 핑크빛이 아니었다. 생각과 다르게 판이 돌아가는 경우가 부지기수였다. 나만 혼자 열심히 신나서 떠들고 답이 없는 아이를 보면 나 혼자 뭐 하는 짓인가 싶기도 했다. 지쳐서 멍하니 있노라면 멀뚱히 나를 보며 엄마의 갖은 애교를 기다리고 있는 듯한 아기의 눈빛이 부담스러웠다.

출근하고 싶었다. 이성적인 대화가 통하는 사람들을 만나고 싶었고 아이가 자는 틈에 허겁지겁 밥을 입에 쑤셔 넣듯이 먹어야 하는 것도 싫었다. 육아 스트레스로 인하여 당을 충전한답시고 과자와 빵을 틈틈이 먹어대니 옆구리 살은 늘 바지 위에 '메롱' 하고 있었고 자신감이 떨어졌다. 촌스럽기 그지없는 목이 늘어진 수유용 티셔츠에는 항상 이유식이 묻어 있었다. 모유 냄새가 배어버린 그 옷과 무릎이 나온 레깅스를 입고 다니는 것이 너무나도 싫었다. 편하다는 이유로 단화만 끌고 다니고 스킨로션조차 얼굴에 바를 여유가 없었다.

1장_나는 육아가 왜 이렇게 힘든 걸까?

이러한 나의 상황이 지긋지긋했다. 어떻게 하면 아기에게서 벗어날 수 있을까? 이런 생각을 하는 날이 많았다. 돌봐줄 누군가가 없다 보니 아무리 궁리를 한다 해도 방법은 없었다. 남들도 나처럼 이렇게 자존감이 떨어지고 아이를 돌보는 것이 힘들까? 산후조리원 모임에 가서도 늘 힘들다는 얘기를 하고 있으니, 나만 다른 세상에 있는 것 같았다.

아주 가끔은 아니, 아주 자주 찡얼거리는 아기를 미워했었다. 잠투정을 달래느라 두 시간을 안고 달래다 보면 짜증이 머리끝까지 치밀어오른다. 하루는 땀이 범벅이 되어서 샤워를 하기 위해 아이를 바닥에 내려놓고 욕실 문을 열어놓은 채 부리나케 몸을 씻고 있었다. 역시나 아기는 그런 나를 가만히 두지 않았다. 엉금엉금 기어 욕실로 들어오는 아기가 행여나 다칠까 봐 벌거벗은 몸으로 뛰어나오다가, 나는 그대로 미끄러져 버렸다.

어찌나 아프고 서러움이 북받쳐 올라오던지. 아이도 울고 나도 울고, 이게 뭐 하는 짓인가 싶었다. 아픈 엉덩이를 신경 쓸 겨를도 없이 아기를 들쳐 안고 절뚝거리며 나왔다. 그리고 아기를 침대에 거칠게 내려놓았다. 솔직히 던지듯이 내려놓았다는 말이 정확한 표현이겠다.

나를 향해 손을 뻗으며 우는 아이를 몇 분 동안 내버려두었다. 안아주고 싶지도 않았고 울음소리를 듣고 싶지 않았다. 그냥 집에서 나가버리

착한 아이보다 주도적인 아이로 키우는 불량 육아

고 싶었다. 나는 미친 듯이 울고 있는 아기에게 못할 말을 퍼부어댔다. 뭐라고 했는지는 정확히 기억나지 않지만, 얼굴이 시뻘겋게 달아올라 마음속에서 솟아오르는 대로 분노를 다 표출했다. 아기는 겁먹은 얼굴로 벌거벗은 채 씩씩거리고 있는 나를 멀뚱히 바라보고 있었다. 분노에 절여져서 흐르던 눈물은, 미안함과 서글픔의 눈물로 바뀌었다.

'나 대체 뭐한 거지? 미친년이 따로 없구나!'

돌보아줄 누군가가 있는 사람은, 정말이지 축복받은 육아를 하는 것이다. 사람은 늘 당연하게 주어지는 것들에 대해서는 감사한 마음을 가지지 못하고 살아간다. 본인에게 당연한 것이 누군가에게는 간절하게 가지고 싶어도 가지지 못하는 어떤 것인데도 말이다. '독박육아'를 하는 사람은 아이와 함께하는 매 순간이 고통스러울 때가 많다. 아이를 키우며 행복하다는 감정을 그다지 많이 느껴보지 못한 채 이 고통이 언제나 끝이 날까 하는 생각을 많이 했었다.

엄마라는 역할을 머리털 나고 처음 해보는데 어떻게 엄마 역할을 제대로 할 수 있다는 말인가. 무슨 자격증 시험이라도 치는 것처럼 아이를 가지기 전에 교육을 받아서 통과한 것도 아닌데 말이다. 엄마가 되면 없던 모성애가 저 밑에서부터 솟아오르기라도 하는 걸까? 갑자기 천사 같은 마음이 생기기라도 하는 걸까?

아이를 위해 내 육체와 정신을 갈아 넣으며 행복하고 즐거운 마음으로 아기를 돌보아야지 엄마다운 것이 아니다. 하지만 이 사회는 그렇게 굴레를 씌우고 있다. 어쩌면 나 또한 그런 굴레에서 벗어나지 못했기 때문에, 한동안 고통스러워했는지도 모른다. 아빠로서 자격, 할머니로서 자격, 이모로서 자격, 삼촌으로서 자격 등 다른 누군가에게는 자격을 이야기하지 않으면서 왜 엄마에게만 엄마로서 갖추어야 할 자격을 운운하는 걸까?

"엄마가 뭐 저래. 엄마가 저렇게 행동해도 돼?"

세상에 많은 엄마는 자기만의 방식으로 아이에게 최선을 다하고 있다. 버벅거리고 실수하면서 아이도 울고 엄마도 울고 그런 것이다.

엄마가 되는 자격 요건이라는 것은 없다. 아이와 엄마가 서로의 거울이 되면서, 아이도 어른이 되고 엄마도 어른이 되어가는 것이다. 아이를 진심으로 사랑하는 그 마음만 있다면 충분히 좋은 엄마이다. 지금 아이를 돌보면서 미칠 것 같다면, 아이가 배 속에 찾아왔을 때 그때를 떠올려 보자.

그때 우리는 뱃속 아이에게 뭐라고 이야기했는지 기억을 더듬어보자. 아마 건강하게 잘 자라만 달라고 속삭였을 것이다. 소망대로 건강하게

착한 아이보다 주도적인 아이로 키우는 불량 육아

잘 자라주고 있는 아이인데도, 왜 우리는 아이 때문에 힘들어하는 걸까? 내 아이를 내 배에 품었을 때 그때의 그 소망, 그것을 떠올려보는 소중한 하루가 되길 바란다.

엄마다워야 한다는 고정관념 버리기

엄마다워 보이는 모습은 어떤 것일까? 아이가 열이 나면 밤새 잠을 제대로 자지 못하고 아이의 머리에 물수건을 빨아 닦아주는 모습, 첫돌이 갓 지난 아이를 어린이집에 맡기고 일을 시작하면 몹쓸 죄를 지은 것처럼 아이한테 절절매고 가족들에게 미안해야 하는 모습, 아이가 소풍 가는 날이면 새벽부터 일어나서 햄을 문어로 만들고 주먹밥으로 토끼를 만드는 재주를 부리고 갖가지 과일을 예쁜 꼬치에 끼워 넣어주는 모습, 이러한 모습들이 엄마다워 보이는 모습인가?

아니면 주름 없이 차곡차곡 티셔츠를 개어서 정리해주는 모습, 아이가 넘어지기라도 하면 차라리 내가 다쳤어야 한다는 말을 하며 정성 어린 소독을 챙겨주는 모습, 집에서 정성스럽게 밥상을 차려주고 오목조목 깎은 과일에 우유 한잔과 함께 간식을 챙겨주는 엄마가 엄마다운 모습일까?

나는 정리의 개념이 없는 사람이다. 옷을 개어본 적이 없다. 구겨질 만한 옷들은 옷걸이에 걸어두고, 주름지지 않는 옷들은 건조기에서 꺼내 서랍에 후루룩 쏟아부으면 너무 편하다. 이렇게 하면 손으로 훅훅 휘저으며 옷을 후딱 찾을 수 있어 편하다. 물론 그렇다 보면 주름이 지기도 한다. 하지만 입고 다니면 그 주름도 펴지기 마련이다.

양말도 짝을 찾아서 신어야 하는 번거로움이 없도록, 최대한 같은 색의 양말을 산다. 짝을 찾아서 돌돌 말아두어야 하는 것은 너무 번거로운 일이다. 둘째는 다양한 스타일의 양말을 원해서 사주었다. 그렇다고 짝을 찾아 말아두지 않는다. 굳이 짝을 맞추어 신을 필요 없고 오히려 짝이 안 맞는 양말을 신는 것도 멋지다고 알려주었다. 짝이 안 맞는 양말을 실제 신고 다니기도 한다. 나는 오래전부터 이렇게 정리 정돈의 개념이 없이 살았는데도, 생활하는 데 전혀 불편함을 느끼지 않고 잘 살고 있다.

아이가 처음으로 소풍 가는 날이었다. 아이는 엄마가 직접 만든 김밥을 싸가고 싶어 했다. 인터넷에 떠도는 글을 참고삼아 열심히 김밥을 만들어서 도시락통에 꾹꾹 쑤셔 넣었다. 문어 만들기는 도저히 자신이 없

45

어서 포기했다. 아이는 소풍을 다녀와서 말했다. 김밥을 젓가락으로 드 니까 후루룩 떨어져서 주워 먹느라고 고생했다고 한다.

　상상하니 얼마나 재미있던지 아이랑 나는 그날 아주 크게 웃었다. 이 이야기를 들은 누군가가 나에게 엄마가 김밥을 어떻게 못 싸냐고 핀잔을 주었다. 엄마라고 김밥을 잘 싸야 할 이유는 없다. 돈 주고 사 먹는 김밥 이 훨씬 맛있다. 그다음 학기 소풍에는 엄마들끼리 단체로 도시락을 맞 추어 손쉽게 넘어갈 수 있었다. 어찌나 편하던지, 돈만 주면 해결이 가능 한 일로 아이도 나도 고생시키지 말자.

　엄마라고 하면 아이와 가족들을 위해 희생하는 따뜻하고 마음 약한 여 인의 모습을 떠올리는 사람이 많을 것이다. 엄마다워야 한다는 이러한 말과 생각이 출산 후에 육아 우울증과 스트레스를 가져오는 원인 중 하 나가 된다. 그러한 말들을 무시하고 살아야 하지만 우리 사회는 다른 사 람의 일에 관심이 많은 사람이 너무나도 많다. 친정 엄마, 친정 언니, 시 어머니, 친구, 동네 엄마들, 참 많고도 많은 사람이 아이는 그렇게 키우 지 말라고 훈수를 둔다.

　내가 아이를 주도적으로 키울 수 있었던 이유는 이런 간섭을 하는 사 람이 없었기 때문이다. 물어볼 데도 없으니 물어볼 생각도 안 했다. 그러 니 나만의 스타일, 나만의 주관으로 아이를 키울 수 있었다. 아무것도 모 르는 초보 엄마가 육아에 대한 주관이라고 제대로 있었겠는가? 그냥 책

착한 아이보다 주도적인 아이로 키우는 불량 육아

과 인터넷을 참고해서 나만의 방식대로 키운 것뿐이다.

 엄마다운 모습은 솔직히 보고 들은 게 없다 보니 잘 모르겠고, 굳이 그런 고정관념에 나를 가두어 착하고 자상한 엄마인 것처럼 살고 싶지 않았다. 엄마다워야 한다는 그 말이 어떻게 보면 웃긴 말이다. 아주 옛날에 아이 줄줄이 낳아놓고 집에서 육아에만 충실했던 그 시대에나 어울리는 말이 아닐까?

 어쨌든 나의 경험으로 비추어보면 다른 사람의 말에 휘둘리지 않고 눈치를 보지 않고 오로지 나의 주관으로 아이를 키우는 것이, 결국 옳았다. 내 아이는 내가 키우는 것이다. 그러니 다른 사람의 육아가 학대로 의심되고 위험하고 다른 사람에게 명백히 피해가 주는 행위가 아니라면, 간섭하지 말자. 각자의 상황에 맞추어서 각자가 알아서 키우는 것이다.

 아이가 넘어져서 상처가 생기는 일은 비일비재하다. 넘어져서 피를 흘리는 일이 있더라도 부모는 절대 당황하거나 놀라지 않아야 한다. 여유롭게 한 템포 천천히 가서 살펴보면 된다. 대부분 넘어지면 피부가 벗겨진 정도이며 출혈이 심하지 않다. 물로 한번 씻어내고 휴지로 대충이나마 닦아도 덧나지 않는다. 밴드를 지갑에 넣어서 다니다가 붙여주면 가장 좋겠지만, 당장 밴드가 없다면 오염만 되지 않도록 조심하면서 놀아도 된다.

47

큰아이가 여섯 살 때 킥보드를 타고 내리막길을 내려오다가 미끄러진 적이 있었다. 나는 저만치 벤치에 앉아 아이가 어떻게 행동하는지 보고 있었다. 아이는 피를 봐도 당황하지 않았고 다만 쓰라린지 눈물 몇 방울을 흘리는 모양이었다. 그러더니 티셔츠를 끌어내려서 지혈하는 모습을 보였다. 그렇게 한참 쭈그리고 앉아 있더니 일어나서 킥보드를 끌고 절뚝거리며 내려왔다. 야무지게 지혈을 잘해서 더 이상의 출혈은 없었다. 나는 늘 아이에게 하는 이야기가 있었다.

"자신의 몸은 스스로가 지키는 거야. 아무도 너를 대신 지켜줄 수 없어."

아이가 일곱 살이 되던 해에 퇴근길에 유치원에서 급히 전화가 왔었다. 아이가 놀다가 사고로 턱이 찢어졌으니 성형외과로 오라고 했다. 머리는 다치지 않고 턱이라니 다행이었다. 성형외과에 가보니 아이가 거즈로 턱을 지혈하고 있었다. 턱은 2cm 정도 찢어졌고 뼈가 보였다. 나는 간호사라 그런지 이런 상처는 사실 크게 대수롭지는 않았다. 다만 흉은 좀 남겠다는 생각이 들었다.

"어떻게 된 일인지 말해볼래?"

"친구들이랑 손잡고 돌기 하다가 내가 튕겨 나갔어. 책상 모서리에 쿵하고 부딪혔어. 내가 내 몸을 지키지 못했던 거야. 내 잘못이야."

선생님은 죄지은 듯한 표정으로 CCTV 이야기를 조심스레 꺼냈다. 나는 아이가 말한 것만으로 충분하니, CCTV를 보지 않겠다고 했다. 혹시나 아이가 사고를 당하는 상황이 되었다 해도 절대 당황하지 말고 차분하게 이성을 잃지 말아야 한다. 상황이 안 좋을 때 그 사람의 진가가 발휘되는 것이다. 아이에게 큰 가르침을 줄 좋은 기회이니 제발 침착하자.

어떠한 이유로 인해 피부가 찢어지면 빨간 피가 나오는 것은 당연하며 소독하고 며칠이 지나면 딱지가 생겨 떨어지기 마련이다. 굳이 놀랄 필요가 없다. 부모가 없는 상황에도 충분히 다칠 수가 있다. 매번 달려가서 위로해주고 소독해주며 놀라고 걱정스러워하는 엄마의 눈빛을 봐온 아이는, 혼자 있을 때 대처 능력이 떨어지게 된다.

아이가 열이 난다 해도 엄마가 옆에서 밤에 잠을 설치면서 그렇게 있을 필요가 없다. 해열제 먹이고 특별한 경우가 아니라면 대부분 떨어진다. 뜬눈으로 밤을 새지 말고, 세 시간 푹 잤다가 일어나서 열을 재봐도 된다. 아이가 아픈 것은 물론 마음이 좋지 않다. 뻔한 얘기지만 아이들은 아프면서 크는 것이다. 애처롭고 불안한 눈빛으로 아이를 절대 바라보지 말자. 아플 수 있다는 담담한 모습으로 부모가 행동해야 아이도 아무렇지 않게 아픈 시간을 담담하게 넘길 수 있다.

나는 간호사다 보니 수많은 환자를 만날 수 있었다. 환자의 상태가 좋지 않을 때 환자 앞에서 불안한 표정과 언행을 보이지 말아야 하는 건 간호의 기본이다. 불안감에 휩싸이게 되면 없던 병도 생기고 나을 병도 더디게 낫게 된다. 육체는 정신의 상당한 지배를 받는다. 그러므로 육아를 할 때 엄마가 먼저 침착하게 마음을 내려놓는 훈련을 해야 한다. 아이는 엄마의 눈을 보고 감정을 읽어내는 영특한 존재이다.

옆집 아이랑 나의 아이가 다르듯이 엄마들도 하나같이 모두 다를 수밖에 없다. 엄마다워야 한다는 고정관념에 얽매여 본연의 자신의 모습을 잃지 않기를 바란다. 남들이 만들어놓은 잣대에 나를 맞출 필요가 없다. 남들에게 휘둘리지 않는 주도적인 엄마가 주도적인 아이를 만들어낸다는 것을 잊지 말자.

착한 아이보다 주도적인 아이로 키우는 불량 육아

불행은 비교에서 시작된다

산후조리원 모임, 어린이집 엄마 모임, 유치원 엄마 모임, 초등학교 엄마 모임, 아파트 엄마 모임 등등 아이를 중심으로 하는 모임이 많다. 나도 예전에 첫째 아이 산후조리원 모임에 열심히 참석했었다. 산후조리원에서 처음 만난 우리는 퉁퉁 부은 얼굴에 머리를 질끈 동여매고 초췌한 모습으로 만났다. 촌스러운 꽃무늬 가운을 입고 가슴을 펼쳐놓고 젖을 먹이면서 일종의 전우애 같은 마음이 생겨났다.

초보 엄마들끼리 모여서 유리 너머 누워 있는 아기들을 보며 수다를 떨었던 때가 생각난다. 비슷비슷하게 생긴 신생아들을 보고 누구 아기가 얼짱이라느니 순위를 매기며 웃음꽃을 피우면서 시간을 보냈다. 내 평생 마음 놓고 푹 쉬어본 적이 산후조리원이 처음이었다. 산후조리원은 앞으로 길고 긴 시간 동안 육아의 전쟁에 뛰어들어야 하는 본인에게 주는 선물이라 생각하고 좋은 데로 가자.

산후조리원에서 만난 그녀들은 나에게 빛과 같은 존재였다. 나의 고민을 들어주고 공감해주고 응원해주는 누군가가 있다는 것이 행복했다. 무엇보다도 내 아이에게 이모가 생기는 것이 좋았다. 물론 진짜 이모는 아니었지만, "이모가 맛있는 거 줄게."라며 까까를 손에 쥐여주는 그녀들이 그렇게 감사할 수 없었다.

산후조리원을 퇴소하고 난 후에 한동안은 모임이 유지되었다. 육아의 고통을 들어주고 위로받을 수 있는 그 모임이 나는 좋았다. 하지만 만남이 거듭될수록 나의 마음에는 더욱 큰 외로움과 슬픔이 물들어갔다. 다른 엄마들의 환경과 나의 환경을 비교하기 시작했다.

친정 엄마와 형제자매가 아기를 돌보아주고 반찬을 바리바리 싸서 온다는 이야기를 들으면 그렇게 부러울 수 없었다. 주말에는 신랑과 데이트도 하고 친정 엄마 덕분에 피곤할 때도 푹 쉰다는 이야기를 듣는 날은 나의 처지에 분노가 치밀어오르기도 했다. 피곤해도, 아파도 쉬지 못하고 껌딱지인 아기를 끌어안고 젖소가 된 듯이 젖을 먹여야 하는 나의 신세가 그렇게 서러울 수가 없었다.

젖은 또 어찌나 많은지 한 시간만 지나가도 젖이 꽉 차올라 너무 아팠

착한 아이보다 주도적인 아이로 키우는 불량 육아

다. 아기를 두고 어디를 간다는 것은 엄두도 내지 못했다. 미치도록 쉬고 싶었다. 누구에게나 있는 친정 식구가 왜 나에게는 허락되지 않는지 서러웠다.

그때 당시, 손녀를 봐준다고 본인 아랫집으로 시부모님이 이사까지 온 아기 엄마도 있었다. 부러움의 최고봉이었다. 연하의 돈 잘 버는 남편이 아기까지 잘 봐주고 친정 식구들도 다복했다. 그 엄마는 전생에 나라를 구하기라도 한 건지 내가 가지지 않은 많은 것을 가지고 있었다. 시부모님이 요리해서 가져다주신 냉장고 밑반찬들을 보니 부럽다 못해 기가 찰 정도였다.

어느 날부터 산후조리원 모임을 하고 온 날은 머리가 지끈거렸다. 가슴이 공허하고 아기와 신랑에게 짜증을 부리는 횟수가 잦아졌다. 초보 아빠 역할을 너무나도 성실하게 하던 나의 신랑에게도 모진 말을 얼마나 많이 했던지. 손주에게 신경을 쓰지 않는 시부모님에 대한 원망도 짙어졌다. 그렇게 시간이 흘러 아기가 돌이 되었다.

나는 돌잔치를 하지 않았다. 친정 식구라고 올 사람이 한 명도 없는데, 초라한 돌잔치를 하고 싶지 않았다. 주위에서는 첫아기 돌잔치를 하지 않는 이유를 궁금해했다. 주위 엄마들의 돌잔치 이야기를 듣고 있는 그 시간은 곤욕이었다. 애써 아무렇지 않은 척했다. 이윽고 모임의 첫 번째 아기의 돌잔치 날이 되었다. 여자가 태어나서 가장 이쁜 순간이 결혼식

날이고 두 번째로 이쁜 순간이 아기 돌잔치라더니 그 말이 맞나 보다.

아주 고운 자태로 아기를 안고 손님을 맞이하는 그녀가 너무나 아름다워 보였다. 많은 이들이 보는 앞에서 돌잡이가 거행되었다. 아기는 많은 박수를 받으며 신난다는 듯 까르르 웃었다.

그리고 얼마 후 내 아이의 돌잔치가 다가왔다. 시부모님과 형님 내외와 함께 집에서 조촐하게 대여한 물품들로 돌잡이만 하고 끝이 났다. 그날 나는 뒤에 숨어서 많이 울었다. 그러지 말아야지 하면서도 얼마 전에 다녀온 그 화려한 돌잔치의 주인공과 우리 아이가 자꾸만 비교되었다. 내 아이에게 '이런 초라한 돌잔치를 해줄 수밖에 없었다는 사실이 미안하고 이 자리를 마련해준 어른들과 신랑에게 섭섭했다.

예쁜 '파티룸'이라도 빌리려 했건만 우중충한 형광등 아래에서 후딱 해치워진 돌잔치가 속상했다. 하지만 지금 생각해보면 파티룸의 화려한 할로겐 등불 아래에서 돌잔치를 했었다 한들 내가 행복했을까 하는 생각이 든다. 다른 사람과 비교를 하는 바람에 내 아이의 소중한 첫 생일은 슬프고 미안한 기억으로 남아버렸다.

집, 자동차, 연봉, 배우자, 학벌, 직업 등 비교할 것들이 너무나도 많다. 그냥 인생 자체가 비교의 연속이다. 구질구질하게 입고 나선 날은 마주치고 싶지 않은 사람을 꼭 만나게 된다. 원래 이런 꼴로 다니지 않는다고 말하고 싶은 마음이 굴뚝같지만 세련되게 입은 상대방의 옷차림과 가

착한 아이보다 주도적인 아이로 키우는 불량 육아

방에 기가 죽는다.

　사람은 다른 사람의 불행을 보고 행복을 느낀다는 말이 있다. 반대로 다른 사람의 행복을 보고 불행을 느끼기도 한다. 심지어 다른 집 아이와 내 아이를 비교하는데, 뭔들 비교하지 못할까? 비교한다는 것이 무조건 나쁜 건 아니다. 어떤 비교를 하냐에 따라 더 나은 발전이 되는 좋은 계기가 되기도 하지만 불행의 늪으로 빠지게 될 수도 있다.

　불행의 늪으로 빠지는 이유는 내가 가질 수 없는 것에 욕심을 내기 때문이다. 나의 마음을 힘들게 했던 친정 식구의 부재는 해결할 수가 없는 문제이다. 억만금의 돈을 준다 해도 평생 내가 가질 수 없는 것이다. 그리고 남의 집의 신랑이랑 나의 신랑이랑 비교하며 신세 한탄을 한들 해결되지 않는다.

　누구네 집, 누구네 신랑, 누구네 친정, 누구네 시댁, 누구네 아이들 비교하려면 아마 책 한 권을 쓰고도 남을 것이다. 이러한 비교들은 하면 할수록 더욱 나를 불행하게 만들 뿐이다. 내가 노력을 하면 바뀔 수 있는 것, 가질 수 있는 것에 초점을 맞추자. 남편이 주말에 종일 TV만 들여다보고 있다면 울화통이 치밀어오를 것이다. 집밥이 최고라는 남편이라면 파출부라도 된 기분에 국자를 냅다 던져버리고 싶을 것이다.

　TV 속에서 아이들이랑 잘 놀아주는 아빠를 보고 있노라니 본인 신세가 한탄스럽고 아이들이 불쌍해 보일 것이다. 그런데 반대로 생각해보면 남편도 부인이 못마땅할 수 있다. 같은 프로그램에 나오는 엄마들을 보자. 아이 엄마가 맞나 싶을 정도의 몸매와 얼굴을 가지고 있다. 스타일도 세련되었다. 고상한 취미를 가지고 있고 본인의 일을 즐기는 멋진 여성들이다.

어찌 보면 저런 여자랑 사는 남자라면 저 정도는 해야겠다는 생각이 들기도 한다. 남의 남편이랑 내 남편이랑 비교하기 전에, 본인부터 여자로서 사랑받을 수 있도록 관리를 해야 한다. 우리는 엄마이기 이전에 여자라는 것을 잊지 말자.

독수리가 그려진 아파트, 늘 편하다는 아파트, 푸르다는 아파트, 베벌리 힐스 같다는 아파트, 이런 아파트에서 살아가고 싶지 않은가? 겸손한 자동차 말고 누구나 한 번쯤 돌아보게 하고 하차감이 느껴지는 그런 자동차를 타고 싶지 않은가? 나는 가지고 싶다. 어떤 누군가는 이런 얘기를 들으면 본인의 주제에는 어림도 없는 이야기라며 고개를 내젓는 사람도 있다.

왜 스스로 그렇게 한계를 지어버리는 건가? 본인이 그렇게 한계를 지어버리면, 소중한 당신의 아이도 그 한계 속에 가두어진 채 초라한 어른으로 자라게 되는 것이다. 음산한 골목에 있는, 금방이라도 귀신이 나올

착한 아이보다 주도적인 아이로 키우는 불량 육아

것 같은 곳에서 아이를 키우고 싶은 부모는 없을 것이다.

　나도 10년 전에는 시골의 곰팡이 가득한 눅눅한 빌라에서 첫째 아이를 키웠었다. 길 건너에 있는 이름 없는 작은 단지의 아파트에 목표를 두고 돈을 모아 이사를 했었다. 아파트의 생활과 빌라의 생활은 상당한 차이가 있었다. 얼마 뒤 좀 더 발전해 근처 신도시 소형 아파트에 전세로 이사를 했다. 이름 없는 시골 아파트와 신도시의 이름 있는 아파트의 생활은 하늘과 땅 차이였다. 그 아파트에서 같이 어울린 엄마들은 죄다 본인 집이었다.

　그렇다 보니 나도 아파트를 사게 되었는데 자가와 전세는 또 다른 차이를 가지고 왔다. 지금은 좋은 학군을 찾아 다른 지역으로 이사를 했다. 이전에 살았던 신도시와 학군 좋다는 지금의 동네는 너무나도 다르다. 이처럼 비교를 통해 긍정적인 방향으로 인생이 나아가도록 설계를 해야 한다. 비교만 하는 것으로 끝난다면 신세 한탄일 뿐이고 불행을 자초할 뿐이다.

　나를 위해서 그리고 나의 아이와 가족을 위해서 한 단계 한 단계 발전하는 인생을 살아야 한다. 앞으로 계속 나아가다 보면 어느새 누군가가 자신의 삶과 당신의 삶을 비교하며 부러워하는 그런 날이 올 것이다.

7

어느 날 내 인생에 네가 나타났다

둘째를 가질 생각이 없었다. 아이 한 명 키우는 것만 해도 나는 너무 부담스러웠다. 이제 겨우 어린이집에 잘 다니고 있는 네 살배기 아들 하나만으로 만족하고 싶었다. 하지만 어느 날부터 아이 둘 셋이 있는 가족들이 눈에 들어오기 시작했다. 식당과 마트에서 아이 둘을 데리고 분주하게 밥 먹이고 쇼핑하는 모습을 보면서, 아이가 한 명인 가족이 뭔가 허전해 보였다. 가족이 세 명인 것이 왠지 불완전한 모양으로 느껴졌다.

둘째를 시도해보는 노력이라도 한다면 시간이 흘러서 후회하지 않을 것 같았다. 한 번만 시도해보자. 그런 생각에 신랑과 함께 불임센터에 찾아갔다. 다낭성 난포 증후군이라 첫째 때도 배란 유도제를 먹었던 경험이 있었던지라, 시간을 허비하고 싶지 않았다. 인공수정을 바로 시도하기로 했다. 사실 인공수정 하기 위해 검사를 하는 중에도, 내가 헛짓하는 것이 아닐까 하는 생각이 들었다.

인공수정을 하기 위해서는 배란 유도 주사를 배에 한동안 놓아야 한다. 첫 번째 인공수정에는 임신이 잘 안 된다는 이야기를 들었다. 되면 좋고 안 되면 말고 이런 마음으로 편하게 주사를 놓고 약도 먹었다. 육아 커뮤니티에는 둘째가 꼭 있어야 하는 이유가, 첫째가 외로워서라고 그렇다는 글이 많다. 그 글을 보고 나니 왠지 아이가 외로워 보이기도 했다.

우리 집 같은 경우는 시댁이나 친정이나 왕래하는 가족이 없다 보니, 허전하긴 했다. 식당에서 밥을 먹을 때 시끌벅적한 옆 테이블의 가족들을 보고 있는 아이의 눈빛이 애처로웠다. 부모가 죽고 나면 형제도 없이 얼마나 외로울까? 내가 지금 외로운 것처럼 말이다. 가족을 한 명 또 만들어보겠다고 마음먹었다.

드디어 인공수정 하는 날이 되었다. 며칠 전까지만 해도 외로워하는 아이를 위해서 동생을 만들어줘야지 하는 생각을 했건만. 생각이 너무 복잡해졌다. 아이를 키우면서 너무나도 힘들었던 그날들이 머릿속으로 지나갔다. 간호학원 강사도 재미있게 하고 있고 병원 생활도 재미있는데, 둘째가 생기게 된다면 말짱 도루묵이 된다는 생각이 들었다. 다시 한

번 고심해보기로 했다. 마침 미열이 살짝 나는 듯했다. 인공수정을 할 수 없는 핑계를 만들어 마음이 편하고 싶었다.

"여보세요. 산부인과죠? 제가 인공수정 오늘 하는 날인데요. 열이 살짝 있어서요."

인공수정이 힘들다는 답변을 듣고 싶었다.

"괜찮아요. 미열 정도는 인공수정에 영향을 미치지 않아요."

친절한 간호사의 응대에 실오라기 같은 변명거리가 없어졌다. 어차피 첫 번째 인공수정에서는 힘들다고 하니까, 한번 해봐야지 후회라도 안 한다는 생각에 산부인과로 갔다.

인공수정 시술은 금방 이루어졌다. 기대하지 않은 채 시간이 흘렀고 임신 테스트를 하게 되었다. 출근해서 병원 화장실에서 확인했다. 두 줄이었다. 잘못 본 거라 생각을 하고 눈을 몇 번 깜빡였다가 다시 보았다. 매직아이가 아니고 정말 두 줄이었다. 첫째 때는 그렇게 눈물이 날 정도로 반갑고 감사한 두 줄이었는데, 그때 느낀 감정은 솔직히 복잡했다.

아이는 동생이 생겼다는 소식에 기뻐하면서 태명을 직접 지어주었다. 아이가 지은 동생의 태명은 '미쯔'였다. 큰 의미는 없고 그때 즐겨 먹던 과자 이름이었다. 어떻게서든 의미를 부여하고 싶어서 열심히 검색해보았다. 일본어로 미쯔는 '꽉 들어차다'라는 뜻이다. 그때부터 배 속에 찾아온 가족은 미쯔라고 불렸다. 미쯔를 초음파로 본 날 느낀 감정은 조만간 펼쳐질 육아 전쟁을 걱정하는 마음과 미쯔에 대한 반가운 마음이 반반이었다.

　어느 날 배가 너무 뭉쳐와 산부인과에 갔었다. 그날 성별이 딸이라는 것을 알게 되었다. 아빠는 딸을 좋아한다는 말이 맞는가 보다. 부인은 배가 아파서 끙끙거리는데 딸이라는 이야기를 듣고 환호성을 지르며 입이 귀에 걸렸으니 말이다. 그때부터 시작된 딸 사랑은 지금도 아니, 앞으로도 계속될 듯하다.

　분만하는 날이 되었다. 제왕절개를 하기 위해 수술실 들어가기 전에 첫째 아이를 끌어안고 한참을 울었다. 왜 그리도 눈물이 나던지. 수술하는 것이 무서워서 그런 것이 아니었다. 동생이 태어나면 오롯이 이 아이에게만 주었던 사랑을 반으로 나누어주어야 한다는 것에 미안했다. 동생으로 인한 상대적 박탈감을 느끼지 않을까 싶어 염려도 되었다. 지금 생각해보면 쓸데없는 엄마의 염려였지만 어쨌든 그때의 나의 감정은 복잡미묘했다.

　그렇게 내 인생에 둘째가 나타났다. 시어머니가 손주를 돌봐줄 분도 아니고 하니 아이가 걱정되어 산후조리원을 이용하지 못했다. 수술하고 며칠 후에 집으로 왔다. 산후도우미를 3주간 고용했다. 내 돈을 주고 썼는데도 얼마나 불편하던지 도우미 때문에 정신적으로 더 스트레스를 받았다. 되도록 다른 산모들에게는 산후조리원에 들어가길 권유하고 싶다. 도우미의 끝도 없이 이어지는 수다와 아기가 울 때면 들으라는 듯이 엄마는 쉬어야 한다고 크게 얘기하는 도우미 때문에 맘 편히 쉬지 못했다.

산후도우미는 정말 복불복이다. 나에게는 불만족스러운 산후도우미였지만 첫째가 너무 좋아했다. 그 산후도우미를 좋아했다기보다 아빠, 엄마가 아닌 누군가가 집에 있다는 게 좋았던 모양이다. 산후도우미가 마지막으로 가는 날 충격적인 장면을 보게 되었다. 초겨울 바람에 발이 시렸나 보다. 전자레인지에 본인의 양말을 비닐에 싸서 돌리는 것을 보고 만 것이다. 깜짝 놀란 나와 달리 떠나는 도우미를 보고 아이는 너무 서운해했다. 사람을 그리워하는 아이를 보니, 마음이 애잔했고 둘째를 낳기 잘했다는 생각이 들었다.

아이를 한 명을 키우든 두 명을 키우든, 그것은 본인의 상황에 맞추어서 판단할 몫이다. 외동아이면 성격이 좋지 않고 외로워하니까 동생을 만들어야 한다는 것은 잘못된 선입견이다. 아이가 외로워하는지 외로워하지 않은지 그걸 어찌 아는가? 고작해야 태어나서 몇 년 살지 않은 아이한테 너 지금 외롭냐고 물어볼 것도 아닌데 말이다. 그리고 둘째가 첫째한테 살아 있는 장난감은 아니지 않은가? 오히려 외동아이라서 만족하며 자라는 아이들도 많다.

주위에 친척이 많아서 외로울 틈이 없이 아이가 자란다면 상관이 없지

착한 아이보다 주도적인 아이로 키우는 불량 육아

만, 우리 집처럼 썰렁한 집안이라면 둘째는 고려해보면 좋다고 생각한다. 부모가 아무리 재미있게 놀아주어도, 비슷한 수준의 동생이랑 노는 거와는 차원이 다르다. 지금은 큰아이가 11세, 작은 아이가 7세이다. 첫째한테 자주 하는 이야기가 있다.

"너, 동생 없었으면 얼마나 심심했을까?"

외로웠었던 나의 인생에 신랑이 찾아오고 연이어 두 아이가 찾아왔다. 그 후로 지겨울 정도로 조용했던 나의 인생은 소란해졌고, 눈코 뜰 새 없이 10년이라는 시간이 후딱 지나갔다. 나의 육아는 현재도 진행형이다. 아이가 없이 부부만 살았더라면 얼마나 시간이 많았을까, 돈도 많이 모았을 테고 이런 부질없는 생각을 하기도 한다. 아이를 키운다는 것은 부모로서 희생해야 할 것들이 많다.

하지만 아이를 가지기 전으로 인생을 돌려준다 해도, 나는 아이를 선택할 것이다. 아이가 없었다면 나는 지금처럼 성숙하지도 못하고 다른 이를 포용하는 따뜻한 마음도 가지지 못했을 것이다. 아이를 키우면서 내가 어른이 될 수 있었다.

내 인생에 찾아와준 아이들에게 너무나도 감사하다. 아이들이 아니었다면 부모로서의 인생을 살아보지 못하고 죽었을 것 아닌가. 예전에는 한 품에 쏙 들어오던 아이가 이제는 두 팔로 안아도 다 안겨지지 않을 정도로 덩치가 커졌다. 어느새 이렇게 컸나 싶은 생각이 들면서 지나간 시간이 그립기도 하다. 잠투정에 껌딱지에 그토록 날 힘들게 했던 결코 돌아갈 수 없는 그때의 시간 말이다.

부모로서 인생을 살아간다는 건 힘든 일이긴 하지만, 부모가 된 자만이 느낄 수 있는 축복이자 기쁨이다. 어느 날 당신의 인생에 나타난 귀인인 아이와 함께 행복하고 즐거운 하루를 보내기를 바란다.

착한 아이보다 주도적인 아이로 키우는 불량 육아

8

육아는 수학 공식이 아니다

첫 아이가 태어나고 엄마들 사이에서 전해 내려오는 교과서와 같은 책들을 준비했다. 그 책에는 아기가 태어나고 개월 수에 맞는 발달 단계와 필요한 장난감들이 상세하게 나와 있었다. 촉각을 하기 위한 다양한 느낌의 천으로 만든 큰 벌레 인형과 아름다운 멜로디가 나오며 인형들이 뱅글뱅글 돌아가는 기계, 이것저것 가지고 노는 운동장과 눌러보고 돌려보는 장난감이 붙어 있는 테이블 등 장난감의 종류는 다양했다.

나름 고가인 집 모양처럼 생긴 큰 장난감을 중고 시장에서 싸게 사기 위해 몇 날 며칠을 검색했던 때가 생각이 난다. 필수 장난감이라고 하는 것들은 하나도 빠짐없이 모두 샀다. 이런 장난감을 가지고 놀면 아기의 발달에 도움이 된다고 하니 믿고 구매한 것이다. 그때 장난감에 들인 돈만 해도 어마하다. 유감스럽게도 아기는 장난감에 전혀 관심을 보이지 않았다. 참으로 이상한 일이었다. 전문가들이 추천해주는 장난감인데 왜 안 가지고 노는 걸까?

효자 장난감 덕분에 신세계를 맞이하게 되었다는 엄마들의 블로그도 더는 신뢰가 가지 않았다. 돈은 돈대로 쓰고 아기는 내 몸뚱이에만 붙어 있으려고 하니 환장할 노릇이었다. 그래서 책을 또 뒤지기 시작했다. 이유를 찾고 싶었다. 장난감이 너무 많이 쌓여 있으면 아기가 관심이 없다고 한다.

바로 이거구나. 장난감들을 창고로 모두 밀어 넣어버리고 한두 개만 꺼내서 아기의 호기심을 유발하기 위해 온갖 노력을 했다. 하지만 모두 허사였고 결국은 헐값에 중고 시장에서 모두 처분하고야 말았다.

그러던 어느 날 아이가 마트에서 토마스라고 불리는 파란 기차를 만나게 되었다. 아이가 처음으로 관심을 보인 장난감이었다. 그렇게 시작한 기차 사랑은 대단했다. 토마스를 제외하고도 이름이 붙여진 같은 시리즈의 기차들이 많았다. 아이가 원하는 기차들을 모으다 보니 거실에는 기차 레일과 기차들이 늘 너저분하게 널려 있었다.

토마스 기차 덕분에 나도 커피 한잔은 먹는 여유가 생겼었다. 그렇다.

아이가 마음에 들어 하는 장난감이 효자 장난감이었다. 한동안 기차 캐릭터의 옷, 신발, 가방부터 중고 시장에 검색하여 사다 주기 바빴다. 토마스 기차 만화영화도 반복하여 보고 또 보고 대사를 외울 정도로 보았던 기억이 있다. 책이나 인터넷에서 추천해주는 책과 장난감들은 어련히 전문가들이 검증하고 추천해주는 거겠지만, 모든 아이에게 통하는 것은 아니다. 맹목적으로 믿지 말자. 효자 장난감은 바로 아이가 직접 고르는 장난감이다.

첫째는 산후조리원에서 나와 집에 온 그 순간부터 오랫동안 잠투정이 요란했다. 잠을 재우려면 기본 두 시간은 걸렸다. 꼿꼿이 세워서 안은 자세로 흔들거리며 걸어 다녀야 했다. 비스듬하게 옆으로 눕혀 놓거나 걸어 다니는 걸 멈춘다거나 소파에 앉으면 기가 막힐 정도로 금세 알아차리고 눈을 떴다.

겨우 잠이 든 아이를 조심스럽게 침대에 눕히고 나면 그놈의 등 센서가 발동하여 다시 안아 올려야만 했다. 허리가 부서질 듯 재우고 난 다음에는 푹 잠이라도 자주면 좋을 텐데 한 시간도 채 잠을 자지 못하고 깨어나기 일쑤였다. 오은영 박사님의 〈우리 아이가 달라졌어요〉에 출연을 신청하려고 했다.

그때 당시 엄마들 사이에 유행하던 수면 교육에 관한 책이 있었다. 지금 생각해보면 아이들을 안고 자는 우리나라 문화랑은 어울리지 않는 서양식 수면 교육이었다. 아기가 자기 방에서 혼자 침대에 누운 채 잠이 들게 하는 것이 목표였다. 책에서 읽은 대로 아이를 침대에 눕혀두고 문을 닫고 나왔다. 아기가 울더라도 바로 들어가지 말고 스스로 잠이 들 때까지 기다려보았다.

우리 집 아기는 10분이 지나고 30분이 되어가는데도 울음소리가 잠잠해지지 않았다. 아기 방문 앞에서 어찌할 줄 모르고 발만 동동 굴렀다. 안 되겠다 싶어 문을 열고 들어갔다. 아기는 입술과 팔을 달달 떨면서 눈물과 콧물이 얼굴에 하나 가득 범벅이 되었다. 땀을 얼마나 흘렸던지 아기 옷은 흠뻑 젖어 있었고 불안한 눈빛이 흔들리고 있었다. 이러다가 애를 잡겠다는 생각이 들었고 수면 교육이고 뭐고 간에 포기했다.

백색 소음이 잠투정에 효과가 좋다는 정보를 입수하고 아이 귓구멍에 헤어드라이어와 청소기를 번갈아서 가져다 대기도 했다. 그 방법이 통하지 않으니 욕실에 데리고 가 수돗물을 요란스럽게 틀어두고 큰 소리로 노래를 부르기도 했다. 욕실은 소리가 울리니까 아기가 큰 소리에 겁을 먹고 울음을 그친다는 것이다. 우리 집 아기에게는 아무 소용이 없었지만 말이다. 그때 살았던 빌라가 방음이 되지 않다 보니 아기의 줄기찬 울음소리를 듣고 윗집 사람에게 학대를 의심받기도 했다.

이도 저도 방법이 모두 통하지 않을 때는 특단의 대책을 썼다. 우는 아

착한 아이보다 주도적인 아이로 키우는 불량 육아

기를 데리고 신랑은 운전하고 나는 뒷좌석에서 아기를 재우는 것이었다. 아기는 자동차 엔진 소리와 자동차의 흔들림을 느끼면 쉽게 잠이 든다고 했다. 매서운 칼바람이 부는 겨울밤이었다. 자동차를 타고도 아기는 잠을 못 자고 미친 듯이 울어댔다. 차를 세우고 아기를 안고 밖으로 나갔다. 바람을 맞으며 아기를 재우는데 아기도 울고 나도 울었던, 그날 밤이 아직도 선명히 기억난다.

그때부터 안고 자기 시작한 아기가 지금은 열한 살이 되었는데도 같은 방에서 함께 잠을 잔다. 물론 둘째도 함께이다. 각자의 방에 침대까지 사 주었건만 엄마, 아빠와 같이 자고 싶다고 한다. 같은 방에서 잠자는 날이 얼마나 있겠냐는 생각에 굳이 각자 방에 가서 자라고 말하지 않는다. 중학생이 되어서도 엄마 옆에서 자겠다고 하지는 않을 것 같다. 그래봤자 그럴 날도 2년밖에 남지 않았다.

지금 생각해보면 아기가 우리를 힘들게 한 게 아니라 우리가 아기를 힘들게 했던 것이라는 걸 둘째를 키우면서 느꼈다. 첫째 때 아무리 노력해도 소용이 없다는 걸 습득을 했기 때문에 마음을 편하게 먹기로 했다. 굳이 낮잠 자는 시간에 맞추어 아이를 안아 재우기 위해 노력하지 않았다.

둘째는 혼자 이불 위에서 구르더니 잠이 드는 날도 있고 식탁 의자에 앉아서 죽을 온몸에 바른 채로 잠이 드는 날도 있었다. 그렇게 잠든 아이는 등 센서도 없었고 한 시간은 기본적으로 자는 기적을 보였다. 낮잠은 없는 아기였지만 잠투정이 없으니 모든 게 용서되었다. 수유하는 것도 시간에 구애받지 않고 먹고 싶어 하는 것 같거나 시간이 얼추 많이 지난 것 같다 싶으면 젖을 물렸다.

첫째를 키우면 둘째는 훨씬 수월하다는 말을 들어보았을 것이다. 맞는 말이다. 첫째는 초보 엄마, 초보 아빠인지라 인터넷과 책, 주변인들로부터 갖가지 정보를 구한다. 그 정보의 틀에 맞추어 육아하려고 한다. 하지만 아기는 로봇과 같은 기계가 아니다 보니 입력한 만큼 결괏값이 절대 나오지 않는다.

시간이 지나갈수록 부모는 육아가 내 뜻대로 그리고 책에 나오는 공식대로 되는 것이 아니라는 것을 뼈저리게 느끼게 된다. 이래도 저래도 크는 것은 별반 다르지 않다는 것을 알게 되니 둘째는 포기할 것은 포기하고 편한 마음으로 키우게 되는 것이다.

육아가 수학 공식처럼 풀이와 정답이 존재하는 단순한 문제였다면 이렇게 머리 아프면서 고민할 필요도 없을 것이다. 이 책에서 말하는 것도 정답이 아니고 다른 육아 책에 나오는 것들도 정답은 아니다. 책에서 얻은 정보들을 엄선하여서 나의 육아에 접목할 부분은 접목하고 나와 맞지

착한 아이보다 주도적인 아이로 키우는 불량 육아

않는 부분은 과감하게 패스하며 편하게 마음을 먹어보자. 옆집 아이한테 맞는 것이 나의 아이한테 맞으라는 법은 없다. 그러니 본인만의 주관을 가지고 육아 스타일을 만들어가는 것이 중요하다.

2장

나는
다르게 키우고
싶었습니다

1

부모라면 꼭 알아야 할 발달 단계

아이의 발달 단계를 이야기할 때 언급되는 학자 중 유명한 사람은 프로이드(Freud)와 에릭슨(Erikson)이다. 프로이드와 에릭슨이 공통으로 이야기하는 것은 발달 단계마다 특성이 있고 아이의 미션이 있으며 그에 맞는 부모의 역할이 중요하다는 것이다. 사람의 성격에는 어렸을 적 발달 단계의 갈등 흔적이 남아 있다는 에릭슨의 말은 무섭기도 하다.

그렇다면 부모가 아이를 수월하게 그리고 잘 키우기 위해서 어떻게 해야 할까? 발달 단계를 공부해야 한다. 육아도 공부하는 똑똑한 엄마가 아이를 수월하게 키울 수 있다. 아이의 발달 단계, 나이, 환경, 성별, 기질 이러한 것들을 모두 무시하고, 천편일률적으로 하는 육아는 아이와 부모, 모두를 힘들게 할 뿐이다.

　태어나서 첫돌까지를 영아기라고 부른다. 프로이드는 영아기를 '구강기'라고 불렀다. 빨기, 물기, 씹기 등 입에 모든 에너지가 집중되어 있다. 젖이나 우유를 만족할 수 있도록 충분히 주고 배고픈 아이를 내버려두는 행위는 하지 말아야 한다. 무엇이든 손으로 가져가서 빨려고 하는 욕구가 있는데 더럽다고 "지지"라고 말하며 뺏어버리거나 못 하게 하는 엄마도 있다.

　이 시기에는 입으로 빠는 것을 허락해야 한다. 만약 이 시기에 욕구가 불만족스럽다면 성인이 되었을 때 문제가 발생할 수 있다. 지나친 흡연, 과음, 과식, 손가락 빠는 행위, 남성일 경우에는 여성의 가슴에 집착하는 모습, 남을 욕하고 비난하는 성격을 가진 어른이 될 확률이 높다.

　에릭슨은 영아기를 신뢰감을 형성하는 시기라고 했다. 아이가 배가 고프거나 기저귀가 젖어서 울고 있는 경우에 부모가 즉각적으로 반응하여 문제를 해결해주어야 한다. 이러한 경험을 통해 부모를 신뢰하고 불편한 문제가 언젠가는 사라진다는 것을 알게 된다. 아이가 울든 말든 관심을 가지지 않는 부모가 키우는 아기는 세상을 향한 불신감을 가지게 된다.

　신뢰감이라는 것은 평생의 삶에 영향을 미치는 초석이다. 타인에 대한 믿음뿐만이 아니라 스스로에 대한 믿음도 신뢰감이다. 이 시기에 불신감

착한 아이보다 주도적인 아이로 키우는 불량 육아

이 생긴다면 사회생활을 하는 데 상당한 어려움을 가지게 된다. 혼자만의 세계에 고립이 되어 살고 많은 정신적인 문제를 불러일으키게 된다. 이후의 발달 단계에도 영향을 미치게 되니, 영아기는 너무나도 중요한 시기임은 틀림없는 사실이다.

다음 단계는 유아기인데 돌이 지나서 어린이집 다니는 우리나라 나이로 4세까지라고 보면 된다. 프로이드는 유아기를 '항문기'라고 불렀다. 배설물을 참고 배설하는 행위에서 큰 쾌감을 느끼는데 항문에 에너지가 집중되어 있다. 이때 대소변 훈련을 하게 된다. 아기가 배변 훈련 중 실수를 하였을 때 하는 부모의 대처가 너무 중요하다.

조금이라도 배변 실수를 하면 큰소리로 나무라고 처벌을 하는 부모가 있다. 이런 스트레스에 반복적으로 노출되면 생기는 특징을 프로이드의 후학들이 연구한 내용이 있다. 지나치게 정리 정돈을 하고 지나친 근검절약을 하거나 고집이 센 특성을 가지게 된다고 밝혔다. 규칙에 지나치게 집착하고 그 틀에서 벗어나면 화를 참지 못한다. 결벽증이 있어 손을 씻는 행위에 병적으로 집착하기도 한다.

오히려 이 시기에 느긋하고 지저분한 엄마가 무난하게 아이를 키울 수 있다. 나는 아이들 배변 훈련을 그다지 신경 쓰지 않았다. 어린이집 선생님이 알아서 잘 훈련해주시겠지 하며 믿었다. 내가 깔끔한 성격이 아니다 보니 대변이나 소변을 실수해서 바지에 묻히더라도 봐줄 정도면 내버려 두었다. 집에 있을 때는 기저귀를 벗겨 버리고 하의 실종으로 지내게 했다. 오랫동안 기저귀에 익숙해져 있던 아이다 보니, 그 익숙함을 버리는 것이 훈련에 도움이 될 것 같았다.

실제 이 방법이 꽤 효과를 본 듯하다. 하지만 바닥에 시원하게 실수를 하는 경우가 잦다는 것은 부작용이긴 했다. 그럴 때면 아이랑 함께 아무렇지 않은 듯 "시원하게 잘 쌌네."라고 이야기하며 닦았다. 중요한 것은 아이랑 함께 닦아야 한다는 것이다. 본인의 오줌을 닦은 휴지를 코에 가져가 냄새를 맡고 찡그리는 아이가 어찌나 귀엽던지. 그때마다 나는 이야기를 했다.

"냄새나서 닦기 싫지? 그럼 변기에 가서 쉬하면 안 닦아도 돼."

유아기를 에릭슨은 자율성이 형성되는 시기라고 했다. '미운 네 살'이라고 부르는 때이다. 그렇다면 왜 부모들이 '미운'이란 말을 붙이게 된 것일까? 부모가 하는 대로 얌전히 순응하던 아기가 슬슬 고집을 피우기 시작하면서, 부모랑 마찰이 생기게 된다.

"내가 할 거야. 내가."

수저질도 혼자 하겠다고 고집부리면서 먹다 보면 먹는 것보다 버리는 것이 더 많을 것이다. 양치질도 혼자 한다고 하지만 닦는 듯 마는 듯한 아이 뒷모습을 보면 찜찜할 것이다. 손에 잡히는 대로 옷을 입는 아이는

착한 아이보다 주도적인 아이로 키우는 불량 육아

패션 테러리스트가 되기 일쑤이다. 계절에 맞지 않는 신발을 신겠다고 고집을 부리기도 할 것이다. 아이가 하고 싶어 하는 것을 막으면서 부모가 원하는 방향으로 하려고 하니 아이와 기 싸움을 벌이게 되는 것이다.

위험하지 않고 다른 사람에게 피해를 주지 않는 행동이라면, 아이가 자율적으로 하려고 하는 것들을 최대한 허용해주자. 나 같은 경우는 무슨 옷을 입고 가든, 짝을 맞지 않는 신발을 신고 가든, 밥을 이리저리 다 묻히고 먹든, 양치질을 어떻게 하든 관여를 하지 않았다. 스스로 무언가를 하려고 하는 행위, 그 자체를 지켜보고 칭찬해주는 것이 유아기에 부모가 해야 할 역할이다. 마음껏 세상을 알아가려고 하는 아이를 가로막지 말자.

부모가 양치질을 함께 하면서 "꼼꼼하게 닦으니 기분 좋다.", 신발을 옆에서 신으면서 "똑같은 파란 신발을 신으니 너무 예쁘다.", 밥을 함께 먹으면서 "입으로 쏙쏙 먹으니 너무 맛있다."라고 큰 소리로 얘기해보자. 아이는 그러한 부모의 모습을 지켜보면서 자신의 행동을 긍정적인 방향으로 수정해갈 것이다.

엄마들이 많이 고민하는 것 중의 하나가 분노 발작일 것이다. 자기 마음대로 되지 않으면 무조건 악을 쓰며 드러누워버리는 것이다. 이때 엄마는 절대 마음이 약해지거나 주위의 눈치를 보면 안 된다. 분노 발작하면서도 아이는 곁눈질로 부모의 반응을 관찰한다. 지금 당장 일어나지 않으면 두고 갈 거라고 경고하자. 아랑곳하지 않고 울고 있는 아이를 두고 나는 돌아서 가버린다. 저만치 떨어져 아이에게 무관심한 듯 행동을 해야 한다.

이런 분노 발작은 부모의 관심을 끌어서 본인이 원하는 대로 이끌기 위한 목적으로 하는 행동이다. 그러니 부모가 달래면서 들어주다 보면 아이는 이 방법을 계속해서 써먹게 된다. 아이에게 엄마는 그런 쇼에 넘어가는 만만한 사람이 아니라는 것을 초반에 보여주는 게 중요하다.

마트를 가기 전에 장난감은 절대 사지 않을 거라고 못을 박아야 한다. 그런데도 막상 마트에 가면 장난감 진열대 앞에서 찡얼거릴 것이다. 우리 집 아이도 마트에서 계획하지 않는 장난감을 사 달라고 울던 적이 있었다.

"내가 오늘 너에게 장난감을 사는 날이 아니라고 이야기했어. 안 돼!"

기억하자. 단호하게 흔들리지 않는 눈빛으로 주위 사람의 눈치를 보지 말고 아이의 눈을 똑바로 보고 이야기해야 한다. '미운 네 살'은 정상적인 아이의 발달을 제대로 이해하지 못한 부모가 만들어낸 일방적인 말일 뿐이다. 아이와 주도권 싸움을 하라는 말이 아니다. 자율을 허락하지 않고 일방적으로 부모가 주도하려고 하는 것은 아이를 망치는 길이라는 것을 잊지 말자.

유아기를 지나면 학령전기가 찾아온다. 학령전기는 유치원에 다니는 시기이다. 에릭슨은 유아기에 생긴 자율성이 주도성으로 발전되는 시기라고 했다. 부모로부터 자율성을 억제당하면서 시간을 보냈던 아이들은 학령전기가 되면 주도성이 생길 리가 없다. 늘 엄마한테 물어보고 의존하며, 스스로 생각하고 판단하지를 못한다.

"왜 우리 애들은 스스로 하지 못하는 거지?"

그 이유는 바로 엄마가 자율성을 허락하지 않았기 때문이라는 것을 다시 한번 강조하고 싶다. 유아기 때는 아이가 스스로 하려 하면 못 하게 막더니, 이제야 스스로 못 한다고 구박하면 아이가 얼마나 혼란스러울까? 앞뒤가 안 맞아도 너무 안 맞다.

학령전기는 양심이 형성되는 시기이다. 옳고 그른 일과, 해도 되는 것과 안 되는 것을 구분하는 것을 배워야 한다. 아이가 잘못했을 때 따끔하게 야단치지 못하고 구렁이 담 넘어가듯이 흐지부지 넘어가는 경우가 많다. 좋은 게 좋은 것이 절대 아니다. 이 시기에 부모가 도덕적이고 예의 바른 습관과 말을 몸소 아이에게 보여주어야 하는 것이 중요하다. 식당에 가면 종업원에게 함부로 말하는 부모, 가난한 사람들을 업신여기는 부모, 폭력에 가까운 운전을 하면서 욕을 일삼는 부모들이 많다. 그런 부모를 보면서 자라는 아이는 양심이 생길 수가 없다.

지금까지 발달 단계를 간단하게 살펴보았다. 아이가 태어나서 초등학교 입학을 하기 전까지 7년이라는 시간 동안 많은 발달 단계를 거치게 된다. 한 단계를 제대로 완수를 해야지, 다음 단계도 수월하게 넘길 수 있게 되니 모든 단계를 허투루 생각하면 안 된다. 영아기, 유아기, 학령전기의 특성을 파악하고 아이가 미션을 잘 수행할 수 있게끔 도와주어야 하는 것이 부모의 역할이다. 오늘부터 아이의 발달 단계를 공부하는 똑똑하고 현명한 부모가 되어, 주도적인 아이로 키울 수 있는 밑거름을 만들어보자.

착한 아이보다 주도적인 아이로 키우는 불량 육아

2

착한 부모가 되겠다는 환상 버리기

얼마 전 둘째 아이와 동화책을 읽었다. 주인공은 친구에게 거짓말을 밥 먹듯이 하면서 괴롭히는 원숭이였다. 원숭이가 친구의 아이스크림을 뺏어 먹고 도망을 치다가 넘어지는 바람에 흔들리는 앞니가 빠져버렸다. 아이스크림을 뺏긴 친구는 울면서 이빨 천사는 나쁜 아이한테 새 이빨을 가져다주지 않을 거라고 원숭이한테 말했다. 그 말을 들은 원숭이는 우는 친구에게 이야기했다.

"이빨이 자라나면 무시무시한 이빨로 너를 물어버릴 거야."

하지만 새 이빨이 진짜 자라지 않을지도 모른다는 걱정에 빠진 원숭이는 집에 돌아와서 엄마에게 새 이빨이 자라지 않으면 어떻게 하느냐고 얘기했다. 엄마는 새 이빨을 천사에게 받기 위해서는 친구들이랑 잘 지내겠다고 약속하고 소원을 빌면 된다며 천사 같은 얼굴로 친절히 얘기해 줬다. 원숭이는 매일같이 소원을 빌었다. 이빨 천사는 원숭이의 소원을 듣고 새 이빨을 선물해주었다는 결론으로 끝이 났다.

원숭이 엄마의 태도가 기가 막혔다. 아이를 어떻게 키웠으면 밖에서 이런 나쁜 행실을 하고 다니는 걸까. 그리고 그것을 알면서도 친절하게 웃으면서 착한 아이가 되겠다고 소원을 빌면, 새 이빨이 자랄 거라는, 말이 안 되는 이야기를 하다니 말이다. 이 동화책만의 문제가 아니다. 많은 부모가 실제 원숭이 엄마처럼 행동하고 있다.

동화책을 보면 엄마라면 아이가 어떠한 행동을 해도, 선한 표정과 부드러운 말투는 잊지 말아야 하는 게 당연하다는 듯이 그려진다. 이런 동화책을 읽고 자라는 아이들은 엄마는 천사 같은 존재여야 한다는 잘못된 관념을 가지게 된다. 그러니 아이에게 야단치고 짜증 내고 무서운 표정 짓는 엄마는 나쁘다고 원망을 듣기 일쑤이다.

"엄마 나빠. 작은 아이 가슴에 상처를 주다니. 정말 마귀 할머니 엄마 같으니라고."

내 아이가 친구를 괴롭혔다면 이빨 천사 같은 허무맹랑한 말 따위는

착한 아이보다 주도적인 아이로 키우는 불량 육아

하지 않을 것이다. 바로 친구 집으로 데리고 가서 사과를 직접 하게 할 것이다. 장난감을 훼손했다면, 아이의 용돈으로 장난감을 사서 친구에게 주도록 할 것이다. 마찬가지로 먹을 것을 빼앗았다면 마찬가지로 아이의 용돈으로 그 즉시 사다 주게 할 것이다.

미안하다는 말로만 끝냈다면 그것은 잘못 가르치는 것이다. 잘못한 아이가 현실적으로 책임을 지도록 해야 한다. 말로만 대충 "미안해."라고 끝내버리니, 영혼 없는 사과를 툭툭 던지고 얼렁뚱땅 지나가는 것이다. 마귀 할머니 같다는 이야기를 들어도 상관없으니, 나무랄 때는 눈물이 쏙 빠질 정도로 엄하게 아이를 대해야 한다.

K는 두 아들의 엄마였다. 아이들끼리 나이가 비슷하다 보니 어울리는 기회가 잦았다. K는 그야말로 천사였다. K의 첫째 아이는 다른 친구들의 물건을 함부로 훼손시키고, 말을 함부로 하고, 대놓고 자기보다 약한 동생들을 괴롭히는 성향이 있었다. K는 본인의 아이가 그렇게 행동하는데도 선한 표정으로 "하지 마세요."라고 말했다. 아이한테 야단을 치면서 "하지 마세요."라니. 요즘에 엄마들은 아이에게 존대어를 왜 이리도 남발하는지 이해하기 힘들다.

웃긴 건 엄마는 존대하는데 아이는 반말을 하는 상황이 대부분이라는 거다. 오지랖이라는 걸 알지만 K에게 물어본 적이 있다. 왜 아이에게 따끔하게 이야기하지 못하는지.

"나는 그런 말을 잘 못해. 신랑도 그렇고. 좀 크면 나아지겠지 하고 생각해. 심각하지도 않는데 뭐."

말을 함부로 하고 괴롭히는 짓을 한다는 것 자체가 심각한 일인데, 뭐를 얼마나 더 해야 심각하다고 생각할 것인지 답답할 노릇이었다. 아이에게 혼쭐을 내도 고쳐질까 말까 한 판국에 더 크면 나아질 것이라는 터무니없는 기대를 하고 있었다. 초기에 증상이 있는데도 괜찮아질 거라며 병원에 가는 것을 차일피일 미루는 어리석음과 뭐가 다르다는 말인가. 병이 커지는 것처럼 아이들의 문제는 걷잡기 힘들 정도로 커질 수 있다. K는 아주 중요한 사실을 간과하고 있다. 아이는 엄마의 호의와 친절을 감사하게 생각하는 것이 아니라, 엄마를 만만하게 보는 것이다.

자신이 어떤 짓을 저질러도 엄마는 아무 말도 안 하는, 아니 못 하는 그런 존재라고 생각할 확률이 상당히 높다. 실제 K의 아이가 하도 예의가 없길래 내가 호되게 뭐라고 한 적이 있었다. 그 아이는 어른인 나의 얘기를 귓등으로도 듣지 않았다. 오히려 야단맞으면서도 혀를 내밀면서 장난치기 바빴다. 한 대 쥐어박고 싶었다. 그런 아이를 K 부부는 못 본 척, 못 들은 척했다. 이런 아이가 어떤 인격체로 자라게 될지 대충이나마 앞날이 그려진다.

K는 자신이 부모의 제대로 된 사랑을 받지 못하고 자랐다며, 아이의 존재 자체가 너무 소중하고 아껴주고 싶다고 했다. 아이들이 본인처럼

크지 않았으면 좋겠다는 생각을 늘 가지고 있었다. 그러면서 본인의 아이에게 사랑을 듬뿍 주고 싶다고 했다. 이건 사랑이 아니다.

요즘 친구 같은 부모가 되겠다는 육아를 하는 집이 많다. 나 또한 아이들과 친구 같은 엄마가 되고 싶다. 하지만 친구 같은 부모가 된다는 것이, 친구가 되라는 말이 아니다. 부모는 어른이다. 어른으로서 행동해야 할 때가 있다. 예전에 키즈 카페에 갔는데 아이랑 친구 같은 엄마를 본 기억이 있다. 아니, 아이와 친구인 엄마라고 말하는 게 어울리는 말이겠다.

아이가 볼풀장에서 짜증스러울 정도로 소리를 지르며 볼들을 집중적으로 엄마의 머리를 향해 던졌다. 꽤 아팠을 법도 한데 엄마는 억지로 웃으면서 그 공을 다 받아주는 것이었다.

그 엄마는 아이랑 친구처럼 잘 놀아주는 것으로 착각하고 있을지 모른다. 맞다, 착각이다. 언젠가는 친구의 얼굴에 축구공이나 야구공을 던지고도 웃고 있는 아이로 자랄지도 모른다.

나는 아이들에게 친절하게 말하는 스타일이 아니다. 예의 없는 언행을 하거나 남들에게 피해를 주는 행동을 할 때는 눈물이 쪽 빠지게 야단을 친다. 첫째가 어린이집에 다닐 때 식당에 간 적이 있었다. 숟가락 통을 열어 모두 펼쳐놓고 가지고 놀겠다고 땡깡을 부렸다. 안 된다고 하니 칭얼거리면서 소리를 지르기 시작했다. 아이에게 고집부리면 밥을 안 먹고 나가겠다고 경고했다.

역시나 아이는 고집을 꺾지 않았다. 음식은 취소가 안 되는 상황이었다. 우는 아이를 업고 그 즉시 계산하고 나왔다. 물론 밥값이 아깝다. 하지만 그날 이후로 아이는 식당에서 소란을 일으키는 행동을 절대 하지 않았다. 한두 번 호되게 행동을 잡아주면 아이는 충분히 알아먹는 존재이다. 몇 번을 했는데도 아이가 바뀌지 않는다면, 부모가 지나치게 착하고 우유부단할 확률이 높다. 부모를 만만하게 보는 것이다.

식당은 놀이터가 아니다. 아무리 돈을 내고 와서 밥을 먹는 곳이라고 해도 모든 것이 허용되는 것이 아니다. 다른 사람과 함께 이용하는 곳에서 지켜야 하는 기본 예의가 있다. 신발을 신은 채 소파 위를 걸어 다니게 하거나, 숟가락 통에 손을 넣어 주물럭대고 장난감처럼 가지고 놀다가 다시 통에 넣는 아이도 있다. 식당에서 뛰어다니고 소리 지르는 것도 아랑곳하지 않는 부모도 있다. 식당에서 밥을 먹고 있는 사람들은 아이와 아이의 부모를 욕하고 있을 것이다. 사랑스러운 아이가 다른 사람에게 욕을 먹도록 하지 말자.

마냥 오냐 오냐 하면서 다 받아주고 친절하게 떠받들 듯이 키우지 말자. 아이는 언젠가 자라서 부모의 품에서 벗어나야 한다. 세상을 살아간다는 것이 결코 만만한 일이 아니라는 것은 굳이 말하지 않아도 알 것이

착한 아이보다 주도적인 아이로 키우는 불량 육아

다. 부모의 품을 떠나면 달콤한 소리를 듣는 날보다 쓴소리를 듣는 날이 훨씬 많을 것이다. 아이도 정신의 근육과 면역을 높여야 한다.

　아이에게 휘둘리는 착하기만 한 엄마 노릇은 이제 그만하자. 내 아이가 올바른 인성을 갖추길 바란다면 때로는 제대로 야무지게 야단치는 부모가 되어야 한다는 것을 잊지 말자.

3

아이는 작은 사람입니다

직업이 간호사다 보니 주말에도 근무하는 날이 있다. 아이를 돌봐줄 어른이 없다 보니 다섯 살인 아이를 병원에 데리고 출근할 때가 종종 있었다. 내가 일을 했던 곳은 중환자들이 많은 병동이었다. 기관지 절개술을 하고 튜브를 꼽고 있는 환자, 비위관을 꼽고 있는 환자, 욕창이 가득 있는 환자, 핏기없는 무의식 환자, 주렁주렁 수액을 달고 있는 환자들을 간호하는 일을 했었다. 그날은 마침 환자가 비위관을 빼 버리는 바람에 다시 꼽아야 하는 일이 생겼다.

비위관을 꼽는 것은 내시경 튜브보다 얇은 튜브를 콧구멍에 넣어서 식도를 거쳐 위까지 넣는 일이다. 일반 내시경을 해본 사람은 상상될 것이

착한 아이보다 주도적인 아이로 키우는 불량 육아

다. 얼마나 역겹고 고통스러운지 말이다. 환자가 고통스러워하는 모습을 아이는 아주 가까이에서 지켜보았다.

주사를 주는 모습과 분비물을 흡인하는 모습, 욕창 소독하는 모습 등 아이에게 많은 것을 보여주었다. 아이에게 엄마로서가 아닌 간호사로서 하는 일을 보여주는 일은 짜릿했다. 어린이집과 놀이터, 키즈 카페랑은 달라도 너무 다른, 이러한 세계를 겪어보는 것은 괜찮은 경험이다. 부모가 본인이 일하는 공간에 아이를 데리고 가서, 부모라는 옷을 벗고 또 다른 모습을 한 번쯤은 보여주는 것을 추천한다.

우리 아이는 병원에 몇 번 다녀간 이후로 간호사인 엄마가 멋있다고 이야기를 자주 하였다. 직업 체험을 마음껏 시켜주었다는 뿌듯한 마음으로 아이와 함께 퇴근하고 언덕을 내려오고 있었다. 오늘 재미있었냐는 나의 질문에 아이는 한참을 창문 밖을 보고 있었다. 느낌이 싸했다. 아이의 이름을 괜히 씩씩한 목소리로 불렀다. 나를 돌아보는 아이의 눈에는 눈물이 고여 있었다.

"엄마도 병원에 누워 있는 환자들처럼 저렇게 되는 거야? 죽을 수도 있는 거야?"

당황은 했지만 애써 담담한 척 이야기를 했다.

"사람은 누구나 죽는 거야. 엄마도 언젠가는 할머니가 되고 죽게 되겠

91

지. 저렇게 누워 지내지 않도록 건강하게 살 거야. 걱정하지 마."

"나는 평생 아이였으면 좋겠어. 그래야지 엄마가 계속 지금 모습으로 내 옆에 있을 수 있잖아."

아이의 이 말이 아직도 나의 가슴에 그대로 남아 있다. 울컥한 감정이 북받쳐 올라왔다. 마냥 어린 다섯 살배기 꼬맹이로만 알았던 나의 아들이, 이런 말을 하다니. 단순히 의사 체험, 간호사 체험을 한 것이라고만 생각했는데 아이는 내가 생각하지 못한 걸 느끼고 보고 있었던 것이었다.

〈보스 베이비〉라는 영화를 본 적 있는가? 이 영화는 눈에 보이는 세상이 전부가 아니라는 메시지를 보내고 있다. 기저귀 차고 우유만 먹으며 아무것도 모를 것 같은 아기는, 사실은 작전을 수행하기 위해 베이비 주식회사에서 내려온 간부였다. 서류 가방과 돈다발을 들고 다니며 일을 처리하고, 부모 앞에서는 영락없는 아기로 변신하는 모습이 자주 등장한다.

이 영화는 부모라면 꼭 보라고 추천을 해주고 싶다. 어른의 눈으로 보는 아기는 그저 본능에만 충실한 존재로 보일지 모른다. 하지만 이 영화는 아기가 기저귀를 하고 있고 때가 되면 우유를 먹고 잠드는 그런 단순한 존재가 아닐 수도 있다는 메시지를 전하는 영화이다. 아기도 생각하

착한 아이보다 주도적인 아이로 키우는 불량 육아

고 감정을 느낄 수 있는 인격체, 즉 작은 사람으로 묘사하고 있다. 그렇다. 아이를 나의 분신으로 볼 것이 아니라, 작은 사람으로 보아야 한다. 나와는 또 다른 사람으로 말이다.

나는 친정아버지와 사이가 좋지 않다. 엄마가 없이 폭군 같은 아빠의 손에서 자랐다. 엄마가 집을 나가기 전까지는 어린 나를 끌어안고 책도 읽어주고 한글 공부도 시켜주던 참으로 자상한 아빠였다. 아빠는 오토바이에 나를 태우고 서점에 가는 것을 즐겨 했다. 그런 아빠 덕분에 어렸을 때부터 책에 둘러싸여 지내는 시간이 많았다. 그러한 기억을 제외하고는 애써 기억을 쥐어 짜보아도 좋았던 기억이 없다. 그렇다 보니 친정에 찾아가는 일은 연중행사처럼 다녀오는 게 고작이었다.

괴팍했던 친정아버지도 한 해 한 해가 지나가니 몰라보게 쇠약해지고 늙어가는 것이 확연히 보였다. 사사로운 감정표현을 안 하던 분이 언제부터인가 손주 안부를 물어보기 시작했다. 가끔 만날 때면 손주를 그리 반가워하면서 본인이 표현할 수 있는 것이 용돈이 전부라고 생각했는지 모아 둔 돈을 아이 주머니에 넣어주곤 했다.

아이가 아홉 살이 되던 해에 어수선한 아이 책상 위에서 예쁜 달님이 그려진 종이를 발견하게 되었다. 정월 대보름인지도 몰랐는데, 그 종이를 보고 나서야 알게 되었다. 한 가지 소원을 달님이 들어준다고 하면 어떤 소원을 빌 것인지 적어보라는 문구가 보였다. 과연 우리 아들은 어떤 소원을 빌었을까? 보나 마나 엄마, 아빠랑 행복하게 건강하게 오래 살게 해달라는 내용이겠지 하는 짐작을 하며 편지를 펼쳐보았다.

'혼자 계신 외로운 외할아버지 옆에 누군가가 있었으면 좋겠어요.'

이 문구를 보고 한참을 그 자리에 서 있었다. 가슴 한쪽이 따뜻하면서도 뭐랄까, 아이에게 부끄러운 마음이 들었다.

나는 친정아버지 생각을 하고 싶지 않아서, 아이들 앞에서는 최대한 외갓집과 관련된 이야기는 피했다. 물론 대놓고 말하지 말라고 한 것은 아니었다. 하루는 둘째가 천진난만한 표정으로 외할아버지 집에 언제 가느냐고 식사 도중에 물어왔다. 고구마가 목구멍에 두 개는 걸린 듯한 기분이 들었다. 물을 먹기 위해서건, 답변하기가 곤란해서건 간에 얼버무리면서 자리에서 일어났다.

그때 첫째가 동생에게 살짝 나무라는 소리를 들었다.

"상대방이 싫어하는 이야기는 하는 거 아니야."

마흔이 훨씬 넘은 나보다 초등학생인 우리 아이가 훨씬 더 어른스럽다고 느껴질 때가 너무나도 많다. 나보다 작은 손, 작은 발, 작은 키, 작은 덩치를 가지고 있지만, 마음만큼은 절대 어른보다 작지 않다는 것을 내 아이를 보면서 나는 느끼고 살아가고 있다.

착한 아이보다 주도적인 아이로 키우는 불량 육아

내가 인성 교육을 잘한 걸까? 아니면 아이의 선천적인 기질이 순하고 착해서일까? 둘 다 맞는 말도 아니고 틀린 말도 아니다. 확실하게 말할 수 있는 나의 비결은, 나는 아이를 마냥 아이로만 보지 않으려고 노력을 한다는 것이다. 아이와 대화할 때도 유아적인 표현은 최대한 자제를 한다. 유아적인 표현은 생각도 언어도 유아 단계에 머물게 한다. 아이의 현재 수준보다는 조금 더 높은 어휘를 선택하면, 신기하게도 아이는 멀지 않아 그 수준을 따라오게 된다.

아이와 마찰이 생겼을 때 엄마만 속이 뒤집히고 온갖 감정에 휩싸여 눈물이 치밀어 오르는 것이 아니다. 아이 또한 부모와 같은 마음이다. 아이에게 소리를 지르고 혼쭐을 내본 경험은 누구나 있을 것이다. 그럴 때 아이는 어떤 행동을 보이는가? 엄마는 분이 풀리지 않아 뒤돌아서 있는데 슬쩍 다가와서 엄마의 치맛자락을 당기고 팔을 잡는다.

제법 말을 하기 시작하면 "엄마, 미안해."라고 속없이 먼저 사과하기도 한다.

'어쩌면 엄마가 아이를 사랑하는 것보다, 아이가 엄마를 더 많이 사랑하는 것이 아닐까?' 어른이 생각하는 것보다 아이는 훨씬 위대하고 너그러운 존재임은 확실하다.

첫째 아이가 유치원 졸업식을 하는 날에 강당에 울려 퍼진 동요가 있었다. 이 동요는 그 자리에 있는 많은 부모의 마음을 울렸다. 엄마들의 훌쩍거림이 여기저기에서 들려왔다. 물론 나 역시 코끝이 찡해오면서 눈물이 흘러내렸다. 나는 지금도 이 노래를 가끔 듣는다. 동요를 듣고 울어본 적은 처음이었다.

보물 1호인 작은 어른인 아이를 생각하며 동요를 감상해보자.

엄마, 엄마는 제게 늘 말씀하셨죠. '얘야 넌 참 소중한 존재란다. 너는 엄마의 보물이야.'라고요. 그런데 엄마 그거 아세요. 엄마야말로 저의 보물 1호예요. 하늘이 높고 파란 건 꿈을 키우라는 의미죠. 냇물이 맑은 건 깨끗한 맘을 간직하란 의미죠. 엄마 제가 평소에 말씀을 안 드렸지만, 엄마는 제게 하늘이고 냇물입니다. 가끔씩 제가 엄마 속을 썩여드려서 엄마가 저 몰래 눈물 훔치실 때면 그거 아세요. 후회하며 저도 울어요. 하지만 엄마 이다음에 제가 어른이 되면 엄마의 따뜻한 손 편안한 팔이 되어 드릴게요. 엄마 손 잡고 시장도 보고 여행도 함께 할게요. 엄마는 하늘이고 냇물이세요.

– 〈엄마, 아빠께〉 동요 중 일부 –

4

나는 내가 행복했으면 좋겠습니다

"엄마는 세상에서 누가 제일 좋아?"

"당연히 엄마는 엄마가 세상에서 제일 좋지."

"뭐야. 흥, 어떻게 그럴 수가 있어?"

아이는 오늘도 역시 똑같은 나의 대답에 섭섭한 표정을 지었다. 나는 신랑과 아이들의 행복보다 나의 행복을 우선시한다. 아이들에게도 세상에서 가장 소중한 것은 자기 자신이라는 것을 늘 알려준다. 둘째 아이가 유치원에서 친구 문제로 인해 마음이 상해서 온 날이 있었다. 남자친구가 괴롭히길래 하지 말라고 몇 번을 얘기했었다고 한다. 극구 선생님께 이야기했으나 친구는 여전하다며 눈물을 짓는 것이었다.

"굳이 걔랑 친하게 놀아야 할 필요가 없네. 놀지 마."

엄마의 말에 아이는 당황해했다. 모든 친구랑 잘 지내야 하는 거라고, 선생님이 이야기했다고 한다. 과연 모든 반 친구들이랑 잘 지내야만 행복한 아이, 착한 아이가 되는 걸까? 다른 사람이랑 별 탈 없이 둥글둥글하게 지내는 사람만이 사회생활을 잘하는 것일까?

자라나는 아이들에게 이런 틀에 박힌 생각을 어른들이 주입하고 있다. 불쾌하다는 의사를 표현했음에도 불구하고, 괴롭힌다는 것은 상대방을 존중해주지 않는 태도이다. 굳이 자신의 마음을 다쳐가면서 어울려야 할 이유는 없다. 다른 아이를 괴롭히고 나쁜 행동을 하는 아이와 그 아이의 부모는 심각성을 모르는데, 오히려 맞는 아이가 힘들어하는 경우가 허다하다. 어린이집에 다닐 때부터 다른 사람을 해하는 행동은 절대로 하면 안 되는 것이라고, 부모는 반드시 교육해야 한다. 아이라는 이유로 마냥 용서를 받을 수 있는 것은 아니다.

일은 힘들어도 괜찮은데, 사람 때문에 힘들면 직장을 열두 번도 그만두고 싶은 마음이 들 때가 많다. 나 또한 예외는 아니다. 거절하는 것을 힘들어하고 상대방 기분에 맞추고 상대방 눈치를 보고 상대방 이야기에 집중하고 나의 입은 적당히 맞장구쳐주느라 그동안 고생하고 살았다. 대

착한 아이보다 주도적인 아이로 키우는 불량 육아

부분 사람이 상대방에게 집중하고 보내는 시간이 많다.

코로나 사태를 겪으면서 반강제적으로 사람을 만나는 횟수가 줄어들었다. 육아 커뮤니티를 보면 엄마들을 만나면서 겪었던 스트레스를 더는 받지 않아도 되니 홀가분하다는 글은 쉽게 볼 수 있다. 우리는 살아가면서 인간관계로 인한 스트레스를 많이 받고 산다. 굳이 모든 사람과 잘 지내기 위해 노력할 필요도 없다. 서로 적당한 인간으로서 도리와 예의만 갖추면 되는 것이다.

모든 인간관계에서의 주도권을 다른 사람이 아니라, 본인이 가지고 있어야지 행복한 삶을 살 수 있다. 아이들도 친구 관계에 지나치게 집착하고, 모든 아이와 다 잘 지내는 착한 아이가 되도록 강요하지 말자. 오히려 이런 아이들은 친구 눈치 보느라 자기 것도 챙기지 못하고 이리저리 휘둘리는 성격으로 자라게 된다.

엄마가 행복해야 아이도 행복하게 키울 수 있다. 나는 행복하기 위해서 의도적으로라도 혼자 있는 시간을 많이 가지려고 한다. 둘째 아이를 유치원에 픽업하러 가기 전에는 어김없이 커피숍에서 혼자만의 시간을 가진다. 생각도 하고 책도 본다. 이런 시간을 나에게 주냐 안 주냐는 육아에 있어 큰 차이를 가져온다. 그렇다 보니 둘째 아이는 늘 꼴찌로 하원하곤 한다. 누군가는 아이를 너무 늦게 픽업하는 거 아니냐고 하는데 나는 그것이 문제라고 생각한 적이 없다.

아이를 일찍 집에 데리고 와서 엄마가 제대로 놀아주지도 못할 건데 굳이 그래야 할 필요가 있을까? 아이도 어쩌면 유치원에서 친구들이랑 노는 것을 더 좋아할 것이다. 아이가 기다린다고 생각하는 것은 엄마의 착각일 수 있다. 엄마가 일찍 아이를 집에 데리고 와서 간식을 만들어 먹이고, 재미있게 놀아주는 것이 행복이라면 그렇게 하면 된다. 하지만 나라는 엄마는 절대 그렇게 할 자신이 없다.

하루는 커피숍이 문을 닫은 바람에 일찍 데리러 간 날이 있었다. 반가운 듯 뛰어나올 줄 알았는데, 아이는 나오자마자 불만을 쏟아내기 시작했다.

"왜 일찍 오고 그래? 방금 친구랑 그림을 그리고 있었는데 다 그리지도 못했다고."

"그래? 그럼 다시 들어가. 엄마 이따가 올게."

나는 진심으로 이야기했는데, 선생님은 농담인 줄 알고 웃으면서 아이의 신발을 신겨주는 것을 도와주는 것이 아닌가. 괜히 일찍 데리러 왔구나. 두 시간은 쉴 수 있었는데 안타까웠다. 그날 이후 절대 일찍 가지 않았다. 커피숍에 가기에는 시간이 어정쩡한 날이면 자동차 의자에 기대 누워 쉬는 시간을 보낸다. 내가 덜 피곤해야 만나는 아이가 더욱 사랑스럽고 짜증스러운 육아를 하지 않게 된다.

착한 아이보다 주도적인 아이로 키우는 불량 육아

할 일은 산더미처럼 쌓이고 아이는 징징거리고 함께 있는 것 자체가 고통으로 느껴지는 날이 있다. 그런 날이 많다면 돈을 주고 다른 사람의 시간을 사는 방법을 추천한다. 나는 대학생 학습 시터를 고용했다. 최근에는 학습 시터, 놀이 시터, 돌봄 시터 등 다양하다. 시터 선생님 사진도 미리 볼 수 있다 보니, 아이가 직접 선생님을 고를 수가 있다. 둘째는 머리가 길고 얼굴이 하얀 예쁘고 젊은 선생님을 원했다. 보는 눈은 다들 비슷하다 보니 이런 선생님은 경쟁률도 치열하다.

공놀이, 산책, 레고 등 놀이 위주의 선생님을 원한다면 놀이 시터를 선택하면 된다. 아이의 등원과 하원을 담당하고 간단히 밥 먹이고 놀아주는 것을 원한다면 돌봄 시터이다. 나는 둘째 아이가 학원을 가지 않으려고 해서 한글과 수학 학습을 시키기 위해서 고용했다. 학습지는 쌓이기만 하고 돈은 매월 빠져나가고, 아이는 엄마랑 공부할 생각이 쥐꼬리만큼도 없었다. 물론 나도 몇 번 가르치다 보니 두 손 두 발 다 들었다. 역시 공부는 부모가 가르치는 것이 아니다.

학습 시터 선생님이 작은 엄마였으면 좋겠다는 아주 엉뚱발랄한 이야기까지 할 정도로 둘째는 시터 선생님과 너무 잘 지낸다. 시터 선생님이 아이를 돌볼 동안 나는 밀린 일을 하거나 집안일을 하거나, 커피숍에 다녀올 때도 있다. 신랑도 본인이 해야 할 업무를 할 수 있는 시간을 벌 수 있으니 만족도가 높다. 시터 선생님에게 주는 돈은 시간당 1만 원 정도인데, 비용을 들여 부모가 느끼는 행복이 크다면 충분히 투자할 가치가 있다.

부모 스스로가 행복하지 않으면, 육아는 불행하게 느껴질 수밖에 없다. 그런 부정적인 감정은 고스란히 아이에게 전달이 된다. 어떻게 하면 행복한 시간을 보낼 수 있을지 고민해보자.

아이를 돌본다는 것은 너무 힘든 일이다. 아이가 등원하고 난 후 설거지하고 커피 마시며 TV 보고 청소기 돌리고 낮잠 자고 동네 엄마들과 만나 수다 좀 떨고 그러다 보면 아이가 돌아오는 시간이다. 시간은 너무나도 빨리 지나가버렸고 그만큼 오늘 하루는 뭐 했나 싶은 생각에 허탈하기까지 하다. 말끔해진 집 안을 보면 마냥 쉰 것 같지는 않은데, 뭔가 만족스럽지는 않은 그런 찜찜한 기분이 드는 이유가 뭘까?

자기 자신을 위한 생산적인 시간을 쓰지 않았기 때문이다. 누구 엄마로서 보내는 시간이 아니라 본인의 이름으로 살아가는 시간을 가지도록 해보자. 공부나 취직, 어떤 것도 좋다. 오로지 나에게만 집중할 수 있는 생산적인 시간을 보낼 수 있다면 좋다.

워킹맘이든 워킹맘이 아니든 중요한 것은 내가 행복한 엄마여야지, 내 아이도 행복한 아이로 자란다는 것이다. 나는 육아 휴가를 받고 집에 있었던 그 시간으로 돌아가고 싶지 않다. 대화가 통하지 않는 아이랑 좁은

착한 아이보다 주도적인 아이로 키우는 불량 육아

집에서 둘이 멀뚱멀뚱 얼굴만 보고 있는 일은 곤욕이었다. 밖에서 일하지 않는다고 해서 요리를 한다거나 집안일을 깔끔하게 하는 것도 아니었다. 내가 행복하지 않으니 출근하고 퇴근하는 신랑이랑 틀어지기만 했다.

신랑한테 내가 나가서 돈을 벌어 올 테니 집에서 아이 키우라는 이야기도 습관적으로 하곤 했다. 출근하면 아이를 안 봐도 되니 얼마나 편하겠냐고 독설도 퍼부었다. 나는 육아와 집안일은 너무나도 맞지 않는 사람이란 걸, 나 스스로 잘 안다. 아이를 키우면서 집에서 삼시 세끼 먹다 보면 토할 것 같다. 육아 휴가가 끝나고 복직하니 얼마나 행복했는지 모른다. 내가 행복하니까 육아도 이전보다는 훨씬 수월했다.

오만상 찌푸린 표정으로 짜증 가득한 육아를 하지 말자. 차라리 그럴 바에 어린이집과 유치원에 최대한 일찍 보내고 최대한 늦게 데리러 가자. 자신을 위해 쓸 수 있는 시간을 최대한 확보하자. 그 시간에 TV 보고 쇼핑하고 동네 엄마들 만나고 낮잠 자고 그러면서 무의미한 시간을 보내라는 말이 아니다. 나에게 오롯이 집중할 수 있는 행복한 시간을 보내라는 말이다. 자신을 위해서 아이를 위해서 가족을 위해서, 우선 당신 먼저 행복한 사람이 되자.

5

나이가 어리다고 생각도 어리지 않다

강아지 한 마리를 키우고 있다. 아이들이 강아지를 키우고 싶다고 조르길래 백 일이 된 푸들 한 마리를 분양받았다. 푸들의 이름은 '행운이'이다. 알레르기가 유달리 심한 가족들인데, 다행인지 불행인지 강아지에 대한 알레르기는 없었다. 강아지 털 알레르기만 용할 정도로 비켜 갔으니, 안 사줄 그럴싸한 핑계도 없었다.

나는 어렸을 때 강아지를 키웠었다. 물론 마당에 묶어놓고 키웠으니 똥오줌은 밖에서 해결했고 사람이 먹고 남은 밥과 국을 먹였으니 귀찮은 일이 그다지 없었을 것이다. 그렇다 보니 강아지를 키운다는 걸 만만하게 생각했다. 한쪽 귀퉁이에서 얌전히 똥오줌 싸고 잠도 잘 자고 사료를

착한 아이보다 주도적인 아이로 키우는 불량 육아

부어주면 꼬박꼬박 잘 먹어 줄 거라 여겼다.

그 조그만 강아지가 내 삶의 일부에 영향을 미칠 거라는 사실을 진작 알았더라면 절대 분양받아 오지 않았을 것이다. 첫날부터 강아지가 사람의 품에서만 자려고 하고 케이지 안에 가두어두니 낑낑거리는 것이 아닌가. 그 소리를 듣기가 피곤해서 케이지를 열어주었다. 녀석이 이불 안으로 비집고 들어오기 시작했다. 우리 집은 침대 없이 바닥에 요를 깔고 자는지라 강아지가 이불 안에 들어오기가 수월했다.

강아지와 사람의 잠자리는 구분하고 싶었다. 네 가족이 모두 잘 수 있는 큰 침대를 구매했다. 강아지 분양비만큼의 예상치 못한 지출이 생겨버렸다. 침대에 기어 올라오지 못할 것 같았던 강아지가 침대를 타고 올라왔다. 아주 작은 강아지라고 무시했건만, 꽤 똘똘한 녀석이었다. 결국은 침대에서 같이 잠을 자게 되었다. 지금은 강아지가 사람처럼 드러누워 함께 침대에서 잔다.

그런데 강아지가 아직 똥오줌을 가리지 못한다. 출근하기 위해 아침 일찍 일어나 상쾌한 기분으로 거실로 나가면 여기저기 새벽에 싸두었던 똥들을 보면 기분이 확 다운된다. 내 새끼 똥 치우는 것도 힘들어했던 나였기에 강아지의 똥은 나를 너무 힘들게 했다. 어느 날 일이 터졌다. 안 좋은 일로 스트레스를 받은 채 퇴근하던 날이었다. 들어서자마자 악취가

나고 역시나 거실에는 들러붙은 오줌과 똥이 있었다.

그때 나는 아이들 앞에서 하면 안 되는 실수를 하였다. 부끄럽게도 너무 화가 나서 강아지를 발로 걷어차 버렸다. 많게는 15년이라는 시간 동안, 이 강아지와 함께 나이가 들어가야 한다는 사실이 공포로 느껴졌다. 아이들에게 엄포를 놓았다. 강아지를 잘 키울 수 있는 집에 보낼 거라고 말이다.

첫째는 아무 말 없이 흥분한 나를 뒤로한 채 강아지를 안고 방에 들어가 버렸다. 둘째는 울면서 또박또박 자기 할 말을 하기 시작했다.

"엄마, 나하고 이야기 좀 해야겠다. 엄마 미워. 행운이가 아픈 것처럼 엄마도 똑같이 아프고 시아도 똑같이 아픈 거야. 행운이한테 왜 그러는 거야? 나쁜 행동한 거 맞지? 사과해."

첫째도 강아지를 꼭 끌어안고 차분하지만 실망한 듯한 슬픈 목소리로 이야기했다.

"강아지도 가족인데 다른 집에 보낸다는 그런 얘기는 안 했으면 좋겠어. 내가 앞으로 똥오줌 모두 치울게."

감정을 이기지 못하고 자그마한 강아지를 차버렸고, 겁에 질린 강아지를 괴물 같은 엄마에게서 보호하는 상황이었다. 그렇게 말하는 아이들 앞에서 뭐라고 되받아칠 만한 말이 생각나지 않았다. 꼬리를 내리고 멀뚱멀뚱 나를 보고 있는 강아지에게도 미안했다.

나이가 어리다고 생각이 어린 것이 결코 아니다. 여섯 살이었던 둘째가 이렇게 엄마를 가르칠 정도로 야무지게 자랐다는 것에 감사하고, 차분하게 생명을 보호할 줄 아는 첫째도 너무 기특했다. 강아지에게도 아이들에게도 사과했다. 어른들은 이렇게 아이들 앞에서 실수하는 일이 잦다. 어리니까 아무것도 모를 것이라는 생각을 하는 것이다. 아이들 앞에서 부부싸움을 하고 욕을 하고 만만한 사람에게 무례하게 굴고 자신보다 못한 상황에 있는 사람을 무시하고.

아이들이 과연 아무것도 몰라서 가만히 있을까? 아이의 마음속에 그리고 머릿속에 잔인하게 새겨질 것이다. 물론 그 아이가 자라서 몇 살에 무슨 일이 있었는지 명확하게 나열하는 것은 한계가 있을 것이다. 하지만 엄마와 아빠를 정의 내릴 때 어렴풋한 그런 기억들이 크게 영향을 미치게 된다.

2020년에 MBC〈실화탐사대〉라는 프로그램에 많은 부모의 눈물을 쏙 빼고 마음을 아프게 한 사건이 방영되었다. 엄마와 같은 시각장애 판정을 받은 아동에게 무자비한 폭행을 가한 복지관 방문교사에 대한 충격적인 영상이었다. 폭행 장소는 다름 아닌 아이의 집이었다. 엄마가 장애인이다 보니 1년 동안 전혀 눈치를 채지 못했던 것이었다.

CCTV 영상에 찍힌 폭행 영상은 잔인했다. 교사라고 부르기도 역겨운 그 여자가 아이의 얼굴을 때리고 목을 조르고 욕을 해댔다. 그때 당시 열한 살이었던 남자아이에게 취재진이 왜 엄마에게 얘기하지 않았냐고 물었다.

"엄마가 속상해할까 봐요. 미안해하고 그럴 것 같아서요. 저만 힘들면 됐잖아요. 다 힘든 것보다."

아이는 엄마가 본인이 우는 것을 눈치를 챌까 봐, 우는 소리를 삼키면서 눈물만 흘렸다. 소리를 내지 않으려고 애를 쓰던 아이의 모습은, 지금 생각해도 너무 가슴이 아프다. 뭔가 이상해 아이의 얼굴을 만져보는 엄마는, 손끝에서 아이의 눈물을 느끼고 미안하다며 아이를 안아주었다. 아이를 키우는 부모라면 이 장면에서 울지 않을 사람이 없을 것이다. 어떻게 열한 살의 아이가 저런 상황에서 어른을 원망하지 않고, 오히려 배려할 수 있을까?

저 힘은 과연 어디에서 나오는 것일까? 단언컨대 이 아이는 반드시 강하고 멋진 어른으로 크게 자랄 것이다. 교사라는 사람은 열한 살의 아이보다 어른이라고 부를 수 있을까? 나이가 들었다고 다 어른이 되는 게 아니다. 아니, 어쩌면 가해자인 교사는 아이보다 못한 사람이다. 체구는 비록 작을지라도 마음과 생각은 어른보다 더 넓고 깊은 이 아이의 삶을 응원한다.

얼마 전 강의하던 중에 이 아이의 이야기를 하게 되었다. 결국은 화장

착한 아이보다 주도적인 아이로 키우는 불량 육아

이 범벅이 되어 너구리 같은 모습으로 남은 수업을 진행하게 되었다. 나와 비슷한 아픔을 가지고 있는 아이의 이야기라서 더욱 감정이입이 되었다. 가난한 집에서 자라나는 아이라서, 한부모 가정에서 자라나는 아이라서, 장애가 있는 아이라서, 다문화 가정에서 자라나는 아이라서, 이 아이들을 함부로 대하고, 아이들에게 상처 주는 말을 함부로 하는 어른들이 있다.

그 어른들의 밑에서 자라나는 아이들도 자라면 또 다른 누군가에게 같은 상처를 주는 그런 사람이 될 것이다. 열악한 환경에서 자라나는 아이들에게 함부로 말할 자격은 누구에게도 없다. 생각과 마음의 그릇의 사이즈가 어른의 됨됨이를 결정하는 것이다.

덩치가 작은 아이더라도, 말과 행동이 미숙하게 보인다 해도 그 아이의 생각마저 어리다고 판단하지 말자. 아이를 키우다 보니 알게 되었다. 아이만 어른을 보고 배우는 것이 아니다. 어른도 반대로 아이를 보면서 배우는 것이 있다. 그렇다. 부모와 자식 사이는 서로를 거울삼아 함께 성장하는 것이다.

'애어른'이라는 말이 있다. 아이이지만 어른스러운 아이에게 쓰는 말이고 반대로 어른이지만 아이 같은 사람에게도 쓰는 말이다. 떠오르는 주변의 애어른이 있을 것이다. 모든 사람의 인생에는 변곡점이 있다. 유달리 변곡점이 많았던 나는 어려서부터 애어른 같다는 이야기를 많이 듣고 살았다. 사회생활을 하면서 나이는 숫자에 불과하다는 생각도 뼈저리게 느낀 적이 많았다. 잘못된 애어른이 사회에 많다는 것이다. 어른이 애어른 같다는 이야기를 듣고 사는 것은 순수하다는 의미가 아니다.

부모라면 애어른이 아니라, 어른이어야 한다는 것을 명심하자.

6

힘을 조금 빼고 육아하기

예전에 알고 지냈던 K가 생각난다. 문화센터에서 만났던 엄마였다. 문화센터 수업에서 한 강좌를 결제하면 같은 엄마들을 몇 개월 동안 꾸준히 보게 된다. 그러다 보니 친하게 지내게 되었고 밖에서도 만나는 사이로 발전했다. K는 아이를 키우는 데 지나칠 정도로 열정적이었다. 그때 당시에 나도 아이에 대한 열정이라면 뒤지지 않을 만큼 힘이 들어가 있었는데, K와 비교해 나는 아무것도 아니었다.

아이의 표정 하나 칭얼거림 하나도 놓치지 않고 함박웃음을 지으면서 초스피드로 반응을 해주었다. 이유식은 먹일 때마다 만들어서 먹이며 과일도 항상 싱싱한 것을 어찌나 이쁘게 잘라서 통에 담아오는지 매번 놀라왔다. 과자 별로 다양한 지퍼백에 나누어 가지고 다녔다. 다양한 지퍼백 사이즈가 있다는 것도 K를 통해서 알게 되었다.

아이의 옷도 한 벌은 늘 여유로 가지고 다녔고 조금이라도 얼룩이 묻으면 아이는 깨끗하게 보여야 한다며 그 자리에서 바로 갈아입혔다. 아이를 향한 모든 행동과 말들이 예사롭지 않았다. 아이를 낳기 전에 육아 훈련이라도 받고 왔냐고 농담 삼아 이야기했던 기억도 있다. K의 기저귀 가방은 늘 신기한 구경거리가 가득했다.

보온밥통에 들어 있는 따끈한 이유식, 기저귀 갈 때 바닥에 까는 매트, 매일 소독한 장난감이 들어있는 소독된 통, 다양한 약과 밴드가 들어 있는 통, 주름 한 개 없는 빳빳한 가제 손수건 등, 이 모든 것이 나는 놀라웠다. 정체 모를 얼룩이 묻은 기저귀 가방 안에 여기저기 아무렇게나 흩어져 있는 장난감과 손수건들, 마트에서 파는 이유식이 들어 있던 허술한 나의 기저귀 가방을 보고 그 엄마는 늘 웃었었다.

아이들을 데리고 식당에 처음으로 같이 간 날이었다. 아이가 식당 밥을 먹으면 안 된다면서 중얼거리던 K의 말이 아직도 생각이 난다. 곰탕집이라 적당히 밥을 말아서 먹여도 될 듯한데, K는 곰탕에 MSG가 들어갔을 거라고 안 먹인다고 했다. 가지고 온 아기 김으로 정성스레 밥을 싸서 입에 넣어주는 K의 정성이 정말 대단했다.

착한 아이보다 주도적인 아이로 키우는 불량 육아

하지만 언제부터인가 엄마들이 K와 거리를 두기 시작했다. 나도 예외는 아니었다. 왜냐면 K는 본인의 육아 스타일을 다른 엄마들에게 강요하기 시작했다. 따지고 보면 틀린 이야기도 아니었다. 하지만 지적을 언제 당할지 모른다는 생각에, 언제부터인가 우리는 K의 눈치를 보고 있었다. K를 만나면 숨이 턱턱 막혀왔다.

나는 이유식을 얼려두었다가 해동시켜 먹이는 게 일상이었다. 집 밖이든 안이든 옷에 뭐가 묻더라도 전혀 개의치 않았다. 과자는 몇 가지를 들고 가더라도 지퍼백 하나에 모두 섞어서 들고 다니는 사람이었다. 모기에 물리더라도 손톱으로 십자를 만들어주면 되고 기저귀를 가는 매트의 존재가 왜 필요한 건지 아직도 의문인 사람이다.

완벽한 엄마가 되려고 했던 K는 힘들었을 것이다. 세상에는 완벽이라는 건 있을 수가 없다. 완벽함을 추구하려고 하는 그 순간부터 스스로 자기 자신을 고통으로 몰고 가는 지름길로 가게 된다. 아이는 기계가 아니다. 투입(input)이 있다고 해서 결과(output)가 기대한 만큼 나올 수가 없다. K는 내가 위생 개념이 없는 엄마라고 생각했을지도 모른다. 하지만 나는 육아하면서 내가 마음 편한 것이 우선이었다.

육아할 때 힘이 바짝 들어가는 경우의 대부분은 첫째 아이이다. 나 또한 예외가 아니었다. 산후조리원에서 나와 자동차를 타고 집으로 출발하는데 너무 긴장되었다. 아니, 산후조리원을 나오는 그 순간부터 두려웠다. 조리원에서는 밥 먹을 때가 되면 밥도 차려주고 아이가 울면 선생님들이 다 돌봐주고, 밤에 잠도 푹 자고 엄마들이랑 수다도 떨고 천국이었다. 매일 고급 뷔페식으로 제공하던 산후조리원 음식이, 지금까지 먹어본 음식 중 제일 맛있었던 것 같다.

집에 도착해서 아기를 침대에 눕히는데 머리부터 발끝까지 바짝 긴장되었다. 마음 같아서는 다시 짐을 싸서 조리원으로 들어가고 싶었다. 조리원에서 나올 때 아기를 목욕시키는 방법에 대해 교육을 들었었다. 들은 방법 그대로 아이를 목욕을 시키는데, 너무 무서웠다. 아기도 울고 나도 울었다. 신랑도 땀을 비 오듯 흘리며 얼굴이 빨갛게 달아올랐다. 바짝 힘이 들어간 나의 손놀림을 느껴서 불편했는지 아이는 거세게 울기 시작했다.

물에 들어갔었던 아기를 다시 들어 안으니 내 옷부터 바닥은 모두 물바다가 되었다. 아기한테 미안하다고 하면서 눈물만 뚝뚝 흘렸던 나의 모습이 떠오른다. 5분 안에 목욕을 끝내야만 한다는 간호사의 말이 뇌리에 스쳤다. 우는 아기를 다시 욕조에 넣고 벌벌 떨면서 신랑과 함께 우왕좌왕하며 씻겼었다. 하루 중 가장 스트레스를 받았던 일이 바로 아기 목욕이었다. 서투르지만 조심성이 없고 성격이 급해서 혹시 아기를 떨어뜨리기라도 할까 봐 겁이 났다.

목욕 시간이 다가오면 나는 머리부터 발끝까지 힘이 들어갔다. 신랑이 없이 혼자 임무를 수행해야 하는 날이 많았는지라 더 불안했다. 단추를 벗길 때부터 손가락에 바짝 힘이 들어갔다. 그렇게 아기 목욕에 적응하기까지 꽤 시간이 걸렸다.

첫째 아이보다 둘째 아이가 성격이 더 좋다는 말을 많이 들어보았을 것이다. 우스갯소리로 '첫째는 실패작이고 둘째가 성공작이다.'라는 말이 있다. 첫째는 엄마도 처음인지라 이것저것 아이한테 좋다는 것은 일단 죄다 시도해본다. 그러다가 깨닫게 된다. 그렇게 애쓰지 않아도 된다는 걸 말이다. 둘째를 키우는 게 훨씬 수월하긴 하다. 육아 경력자 아닌가.

대충 키운 둘째가 첫째보다 오히려 야무지게 말도 잘하고 발달이 빠르다는 이야기가 있다. 실제 우리 집의 둘째도 그러했다. 둘째는 그야말로 아무것도 해주지 않았다고 봐도 된다. 힘을 빼다 못해 축 늘어진 채로 육아를 했다고 할까? 첫째를 키울 때는 키즈 카페 버금갈 정도로 장난감을 쟁여놓았는데, 둘째는 장난감을 사준 적이 손에 꼽는다. 그런데 장난감이 없어도 자라는 데 아무런 문제가 되는 게 없었다.

첫째 때처럼 끼고 앉아서 옹알옹알 이야기를 많이 들려준다거나, 책을 많이 읽어준다거나 그러지 못했다. 하지만 둘째가 말하는 솜씨를 보면 혀를 내두를 정도이다. 선택하는 단어의 수준과 문맥도 놀랍지만 자기의 의사를 표현하는 데 거침이 없다. 첫째가 일곱 살 때 모습과 지금 둘째의 모습을 굳이 비교한다면 둘째가 다방면으로 발달이 빠르다. 육아할 때 힘을 바짝 준다고 해서 아이가 더 잘 크는 것은 아니다. 그러니 에너지를 너무 쓰지 말라는 말을 하고 싶다.

집안일이 쌓이는 것을 보지 못하는 부지런한 엄마들이 많다. 설거지, 청소, 빨래를 아기가 잠깐 낮잠을 자는 금쪽같은 시간에 굳이 하려고 한다. 청소 한번 하고 나서 앉아서 쉬려고 하면 아기가 귀신같이 알아채고 울 텐데 말이다. 어차피 더러워질 거실인데 굳이 청소를 자주 할 필요가 있을까? 하루를 정리하고 '육퇴'하는 기념으로 청소기는 한 번만 돌리고, 아이가 낮잠 잘 때 그냥 같이 푹 쉬자. 그릇은 모아 두었다가 한꺼번에 설거지하는 것도 나쁘지 않다. 가득 쌓인 그릇들을 저녁에 하나씩 씻어서 테트리스 쌓는 것처럼 식기 건조대에 하나씩 쌓아 올리는 것도 재미라면 재미이다.

빨래도 세탁기가 요즘 얼마나 잘 나오는가! 손빨래하지 말고 모아놨다가 한꺼번에 돌려버리자. 예전에는 아기 세탁기가 따로 나왔지만, 최근에 나오는 세탁기는 삶는 기능도 있어서 편해졌다. 식기 세척기, 의류 건조기, 음식물 분쇄기, 로봇 청소기 등 육아하는 데 고생을 덜어줄 제품은 널리고 널렸다. 육아로 힘들고 지친 부모에게는 필수품이니 이런 것에는 돈을 아끼지 않았으면 좋겠다. 도움을 받을 수 있는 것은 적극적으로 활용하도록 하자.

육아는 장기전이다. 한두 해 하고 끝날 일이 아니다. 초반에 힘을 빼게 되면 일찍 지쳐버려서 그 길이 너무나도 험난하고 고되게 느껴지기 마련이다. 너무 애쓰지 말고 두 다리에 힘 빼고, 스스로 닦달하지 말자. 잘하기 위해 힘이 너무 들어가면, 오히려 실수하게 된다. 쉬엄쉬엄 쉬어가면서 여유롭게 걸어가듯이 육아를 하자.

7

아이는 부모의 등을 보고 배운다

나는 간호사이다. 간호학원 강사를 하고 있으며 대학원에 다니고 있고 작가로 활동도 하고 있다. 주변 사람들은 일 욕심 많은 나를 향해 시간이 어디서 나냐고 묻곤 한다. 모든 사람에게 똑같이 주어지는 것은 24시간 이다. 많은 것들을 해내기 위해서는 24시간을 쥐어짜듯이 살아야 한다. 변기에 앉아서 볼일을 볼 때도, 운전하다가 신호가 걸릴 때 그 짧은 시간 조차 허투루 흘려보내지 않는다. 우리가 하루에 무심코 흘려버리는 시간 이 얼마나 많은지 모른다.

아이들에게도 나는 늘 강조하는 것 두 가지가 있다. 첫 번째는 시간 관리를 잘하라는 것과 세상에서 자기 자신을 가장 소중하게 여기라는 것이다. 육아하는 데 부모가 원칙이 있고 없고는 큰 차이이다. 아이를 키우는 데 어떠한 가치를 가장 우선시할 것이냐를 스스로 한 번쯤 생각을 해보았으면 한다.

나는 집에서 직접 요리를 해 먹는 일이 거의 없다. 어느 날 어김없이 저녁을 먹기 위해 식당으로 향하고 있는데 재테크 책에 한참 빠져 있던 첫째 아이가 물어왔다.

"집밥을 먹는 게 돈을 아낄 수 있는 방법이 아니야?"

"엄마는 밖에서 먹는 밥이 세상에서 제일 맛있더라. 돈을 주고 시간을 사는 거야. 돈보다 소중한 것은 바로 시간이야."

나는 돈을 주고 다른 사람의 시간을 산다. 요리를 준비하기 위해 장을 보고 요리하고 설거지하고 뒷정리하고 이 모든 시간과 번거로움을 돈을 주고 사는 것이다. 따지고 보면 식당에서 사 먹는 게 훨씬 이득일지 모른다. 지갑에서 나가는 돈은 아깝다고 생각하는데, 시간이 아깝다고 생각하는 사람은 거의 없다.

대학원 과제를 해야 하거나 원고를 써야 하는 일이 있다면 일부러라도 아이들이 보는 앞에서 작업한다. 그렇다 보면 첫째 아이는 본인 방에 들어가서 학원 숙제를 한다. 둘째 아이는 나의 주위에 얼쩡거리면서 빈틈을 노린다. 이럴 때 아이에게 야무지게 얘기한다.

"엄마가 대학원 숙제를 두 시간 안에 끝내야 하니까, 너하고 놀아줄 시간이 없어. 엄마한테 중요한 일이야. 시아는 혼자 놀고 있어야 해."

일곱 살쯤 되면 엄마가 하는 말을 이해하고 엄마의 입장을 헤아린다. 옆에서 책을 보거나 장난감을 가지고 놀거나 그림을 그리고 있다. 나는 과제를 하면서 중간중간 추임새를 반드시 넣는다.

"우와~ 10페이지 완성했다. 대단해. 엄마는 할 수 있다. 시우와 시아도 할 수 있다."

나 스스로 얼마만큼 임무를 완성했으며 앞으로 남은 일들도 충분히 해낼 수 있다는 이야기들을 힘찬 목소리로 아이들이 들으란 듯이 외친다. 그러면 첫째 아이도 물 마시러 왔다 갔다 하면서 흘깃 경쟁하듯 나의 과제를 보고 갔다.

작년 겨울에 아이와 함께 갔던 서점에서 김도사와 권마담이 쓴 『부와 행운을 끌어당기는 우주의 법칙』을 읽게 되었다. 책을 통해 〈한국책쓰기강사양성협회〉를 알게 되었으며, 고민하지 않고 카페에 가입하였다. 그곳에서 김태광 대표님을 만나게 되었고, 나의 첫 책 『불안을 강함으로 바꾸는 기술』이 세상에 나오게 되었다. 그렇게 나는 작가가 되었다.

간호사로서 작가가 되는 것이 나의 꿈이었다. 우리 집 아이들은 내가 〈한국책쓰기강사양성협회〉에 가입을 한 그 순간부터, 작가가 되어 지금 두 번째 책을 쓰고 있는 엄마의 노력을 쭉 지켜보았다. 아이에게 말로만 공부해라 노력해라 꿈을 꾸어라, 이런 말을 할 필요가 없다. 부모가 먼저 목표를 이루기 위해 노력하는 모습을 보여주면, 아이는 그런 부모를 보고 자연스럽게 배우게 되는 것이다.

"나쁜 아이는 없고 나쁜 부모가 있다."라는 말이 있다. 우리가 말하는 나쁜 아이는 부모가 그렇게 키웠기 때문에 그러한 것이다. 정작 그 나쁜 부모는 본인의 모습을 반성할 줄 모르고, 아이를 키우는 데 최선을 다했다며 억울하다는 말을 한다. 아이를 굶기지 않고 따뜻한 집에서 재우고 옷을 사 입히고 장난감 사다 주고 그렇게 최선을 다한 것이 부모로서 몫을 다했다고 생각하면 안 된다.

그렇다면 어떤 식으로 육아를 하는 부모가 나쁜 부모일까?

첫 번째는 아이가 부모의 말에 절대적으로 순종만 하기를 바라는 부모이다. 강아지도 주인 마음대로 키울 수가 없는데 어떻게 아이를 본인 마음대로 키우려고 하는가? 아이를 본인과 다른 인격체로 보는 것이 아니라 내가 만들어낸 부속물처럼 생각하는 것이다. 정말 아이를 최고로 망치는 부모이다.

두 번째는 아이의 인생을 대신 살아주려는 생각인 듯 모든 일에 간섭하는 부모이다. 아이가 원하는 것은 모두 무시하고 하나부터 열까지 다 부모가 선택한다. 부모가 알아서 밥상을 잘 차려놓았으니 먹기만 하라는 것이다. 틀렸다. 밥상에 올라갈 반찬 하나, 국 하나 모든 걸 아이가 스스로 입맛에 맞게 차려서 먹어야 한다.

설사 그 반찬이 맛이 없거나 짜거나 싱겁거나 그러한들 문제가 될 것은 없다. 다음 밥상에서 그 반찬을 고르지 않으면 된다. 부모의 밥상이 아니고 아이가 먹는 밥상이라는 것을 잊지 말자.

세 번째는 아이의 꿈과 목표를 가치가 없다고 들으려고 하지 않는 부모이다. 의사, 판사, 교사 이런 직업만 최고라 생각한다. 그토록 원하는 직업이라면 부모가 이제라도 공부해서 그 직업을 가지는 게 어떨까?

네 번째는 다른 집 아이와 비교하는 행동이다. 아이가 머리가 커지면 다른 집 부모와 자신의 부모를 비교하게 될 텐데 말이다. 비교하기 전에 '그 집 아이가 그렇게 자랄 수 있었던 비결이 무엇일까?' 부모로서 스스로 모습을 되돌아보는 게 현명하지 않을까?

다른 집의 아이랑 자꾸 비교하는 것을 멈출 수가 없다면, 그 집 엄마랑 어울리지를 말아야 한다. 남편이 남의 집 부인이랑 나랑 비교하면서 비아냥거리면 기분이 어떨까? 그래, 그 기분을 아이가 똑같이 느끼는 것이다. 그러니 사랑스러운 내 아이의 있는 그대로의 모습을 감사하게 받아들이자.

이러한 부모의 잘못된 행동으로 인하여 아이는 자존감이 바닥으로 떨

착한 아이보다 주도적인 아이로 키우는 불량 육아

어지고, 의존적이고 나약한 사람이 될 것이며 부모에 대한 반감과 분노가 조금씩 싹이 자라게 될 것이다. 내가 아이를 생물학적으로 만들고 출산했다고 해서 부모로서 역할을 다한 것은 결코 아니다. 아이가 세상에 태어나서 가장 먼저 만나게 되는 멘토는 부모여야 한다. 세상을 살아가는 올바른 지혜와 습관을 익히게 해주고 충고를 해줄 수 있는 멘토 말이다.

인터넷에 '맘충'이라는 단어를 검색하면 '맘충'을 만난 다양한 일화들이 많다. 나 또한 '맘충'을 만난 적이 있다. '맘충'이라는 단어까지 써야 하나 생각이 들긴 하지만, 다른 말이 도저히 떠오르지 않는 날이었다.

아이들과 함께 햄버거 가게에 갔다. 햄버거를 먹고 있는데 왁자지껄하는 소리와 함께 아이들 엄마 세 명이 들어왔다. 들어오자마자 동의를 구하지 않고 멀찌감치 떨어진 테이블을 끌어다가 붙이기 시작했다. 요란한 테이블 끌리는 소리에 눈살이 찌푸려졌다. 아이들에게 아이스크림을 하나씩 쥐여주고 테이블 하나에 몰아 두고 엄마들은 커피를 마시는 상황이었다. 아이들은 기껏해야 네다섯 살 정도였다.

엄마들은 아이들이 아이스크림을 벽과 의자에 바르면서 장난감으로 요란스럽게 떠드는 데도 개의치 않았다. 오히려 아이들보다 엄마들의 수다 소리가 더 컸다. 한참 후 그 무리는 가게에서 나갔다. 역시나 여기저기 본인의 아이들이 묻혀둔 아이스크림의 흔적과 쓰레기들, 끌어다 붙여놓은 테이블과 의자는 그대로 남겨둔 채 몸만 쏙 빠져나간 게 눈에 들어왔다.

분명 덩치가 큰 사람이 세 명이 있었던 것 같았는데, 어른은 없었나 보다. 다른 사람한테 피해를 주는 자유는, 올바른 자유가 아니다. 사회적으로 허용되는 기준이 있는 것이고 그 기준을 따라야 하는 것이, 사회적 동물인 인간이다. 아이는 부모의 등을 보고 자란다. 부모 또한 아이의 모습을 보고 함께 자라는 것이다.

아이가 앞으로 어떠한 사람으로 자랐으면 좋겠다는 소망이 있을 것이다. 부모가 먼저 그 소망 속의 사람에 가까워지도록 노력을 해야 한다. 그렇다면 아이는 그런 부모의 모습을 보면서 애쓰지 않아도 자연스럽게 물들어가는 것이다.

착한 아이보다 주도적인 아이로 키우는 불량 육아

8

'당연히'라는 말은 쓰지 않기

당연히 엄마라면, 당연히 오빠라면, 당연히 동생이라면. '당연히'라는 말은 왜 쓰는 걸까? 세상에 당연한 건 없다. 사람들이 편하려고 만들어 놓은 암묵적인 틀일 뿐이다. 오래전부터 우리는 그 틀 안에서 자랐기 때문에, 그것이 문제라고 생각하는 사람이 없다. 그 틀을 벗어나 사는 사람은 자율적이고 유연하며 주도적인 인생을 살 수 있다.

동화책은 간접적으로 아이를 틀에 가둬버린다. 아주 오래전부터 만들어진 너무나도 정교하고 체계화된 교육 방식인 것이다. 동화책 속에 나오는 엄마는 요리하고 아이를 보듬어주고 청소하는 인자한 모습이다. 첫째 아이는 늘 동생을 지켜주고 양보해주고 듬직한 모습을 보여야 한다.

아빠, 엄마, 할머니, 할아버지와 함께하는 가정은 늘 행복하고 따뜻하고 밝다. 반면 결손 가정에서 자라나는 아이의 집은 가난하고 우울하고 아프고 약한 모습으로 그려진다. 청소하고 빨래하고 요리하는 아빠의 모습을 그린 동화책은 본 적이 없다. 일하는 엄마의 모습이나 형보다 나은 동생을 그리는 동화책 역시 본 적이 없다.

이런 판에 박힌 동화책을 읽어주는 부모 또한, 오랜 시간을 당연하다고 받아들였으니 이상하다고 생각해본 적이 없을 것이다. 동화책은 아이의 의식과 무의식을 상당히 지배한다. 그러므로 동화책은 특히 어른들이 신경 써야 하는 부분이다. 부모 또한 엄선해서 아이에게 읽혀야 한다.

나는 첫째에게 "네가 오빠니까."라는 말을 하지 않는다. 첫째라고 양보해야 하는 법은 없다. 젤리를 서로 먹겠다고 하는 상황은 흔하게 펼쳐지는 상황이다.

"젤리가 하나밖에 없고 동생이 너무 먹고 싶어 하는데 어떻게 하면 좋을까?"

이러한 질문을 받았을 때 눈치껏 양보하겠다고 이야기하는 첫째들도 있지만, 대부분 서로 먹겠다고 할 것이다. 우리 아이들 또한 그랬다. 지금도 자주 그런다. 이럴 때면 나는 두 가지 선택권을 준다. 반씩 나누어 먹거나, 엄마가 먹어버리거나. 물론 아이들은 대부분 전자를 선택한다.

착한 아이보다 주도적인 아이로 키우는 불량 육아

그럴 때는 콩깍지 같은 젤리일지라도 칼로 정확하게 갈라서 나누어주어야 한다.

첫째는 당연히 양보해야 한다는 말을 듣고 자란, 둘째는 어떤 생각을 하게 될까? 나이가 많은 사람이 어린 사람에게 양보하고 베푸는 것이, 감사한 일이 아니고 당연하다는 위험한 생각을 하게 될 수 있다. 영화 〈부당거래〉를 보다 보면 유명한 대사가 나온다.

"호의가 계속되면, 그게 권리인 줄 알아요."

사람의 욕망이라는 것은 나이가 더 많이 들었다고 해서 그 크기가 줄어드는 것은 아니다. 맛있는 젤리는 첫째도 먹고 싶고 엄마인 나도 먹고 싶다. 나 역시 아이에게 엄마라는 이유로 먹고 싶어도 참지 않는다.

"엄마도 먹고 싶으니까 반으로 갈라."

가난한 집에서 생선을 한 마리 구우면 아이한테 몸통에 있는 살을 다 발라주고, 생선 대가리만 먹었던 엄마가 있었다고 한다. 아이는 물었다. 엄마는 왜 생선 대가리만 먹냐고. 엄마는 대답했다. 생선 대가리를 좋아한다고. 엄마가 생선 대가리를 정말 좋아한다고 생각하는 사람은 없으리라 생각한다. 시간이 흘러 아이는 어른이 되어 엄마에게 선물을 가져왔는데 생선 대가리 한 봉지였다고 한다.

이 이야기를 들으면 엄마가 어떤 사람으로 느껴지는가? 나는 사랑이 넘치는 엄마가 아니라 미련하고 답답한 사람이라고 느껴진다. 얼마나 아이한테 당연하다는 듯이 일방적인 희생만 하고 살았으면, 어른이 된 아들이 엄마의 마음 하나 헤아리지 못할까? 엄마 잘못이다. 생선 살을 먹고 싶으면서 침만 꼴깍꼴깍 삼키면서 본인은 앙상한 생선 대가리를 뜯어 먹으며 맛있다고 거짓말하며 웃고 있었을 것이 그려진다.

부모도 맛있는 걸 보면, 먹고 싶은 똑같은 사람이라는 것을 아이한테 인식을 시켜주어야 한다. 당연히 부모라서 먹고 싶은 거 참아야 할 이유는 없다. 나는 커피숍에 가서 케이크를 하나 먹을 때 나도 먹고 싶다면 양보하지 않는다. 내가 좋아하는 티라미수 케이크를 내가 한눈을 판 사이 자기 입에만 쏙쏙 넣는 아이를 보면 얄밉기까지 하다.

"이제 엄마가 먹을 거니까, 넌 이제는 그만 먹어."

부모도 먹고 싶고 자고 싶고 기분이 나쁠 수 있고 피곤할 수 있고 똑같이 감정과 욕망이 있는 존재라는 것을, 아이가 어리더라도 알려주어야 한다. 부모라고 해서 당연히 일방적으로 모든 것을 해주고 베풀어야 한다는 생각을, 아이에게 심어주지 말자.

첫째에게 동생한테 양보하는 거라 이야기하며 반강제적으로 뺏어서 둘째한테 쥐여주는 엄마는 쉽게 볼 수 있다. 그러고 나서 말하는 엄마의 얘기가 더 놀랍다.

착한 아이보다 주도적인 아이로 키우는 불량 육아

"형한테 고맙다고 해야지."

형이 양보하는 게 당연하다는 것처럼 조금 전까지 행동으로 보였던 부모가, 왜 동생에게 고맙다고 얘기하라며 시키는 걸까? 둘째는 무엇을 고마워해야 하는지도 모른 채 영혼 없이 고맙다고 한다. 이 상황에서 최대 피해자는 첫째이다. 부모는 억울한 첫째한테 "괜찮아."라고 이야기하라며 시킨다. 뭐가 고맙고 뭐가 괜찮다는 건지 모르겠다. 왜 아이의 감정표현마저 로봇한테 지시하는 것처럼, 부모가 아이에게 강요하는 걸까?

어느 날은 아이가 멀쩡한 아이패드를 두고 다른 아이패드를 사고 싶다는 얘기를 했다. 속도가 느릴 때가 많아서 답답하다는 이유였다. 나는 본인 돈 20만 원가량이 지갑에 있는 것을 알고 있었다. 아이패드를 정말 교체하고 싶다면 너의 돈으로 사면 되는 것을 왜 엄마에게 사달라고 하는 것인지 이유를 물었다.

"크리스마스 선물을 미리 당겨서 받는 거라고, 생각하면 되지 않을까?"

본인의 돈은 금쪽같이 아끼면서 부모의 돈은 당연하다고 생각하는 아이가 많다. 초등학교 고학년만 되어도 요구를 하는 물건의 금액 단위 크기가 달라진다. 그때마다 다 응할 필요도 없으며 그렇게 응한다면 호구 부모가 되는 지름길이다.

"크리스마스라고 해서 엄마가 너한테 선물을 사주어야 할 의무가 있어?"

"그런 건 아니지만 매번 크리스마스에 받았으니까 그렇게 이야기한 거지."

"생일이라고 어린이날이라고 크리스마스라고 해서 당연히 엄마가 해준다는 생각은 하지 말았으면 한다. 정 교체하고 싶으면 너의 돈으로 바꿔."

우리가 사는 아파트, 우리가 타고 다니는 자동차, 식당에서 먹는 요리, 여행 가서 편히 쉴 수 있는 호텔, 입고 다니는 옷과 매고 다니는 가방, 학원 등 이런 것들을 아이가 당연하다고 받아들이는 것은 위험하다. 부모의 희생과 노력이 있기에 이런 것들을 함께 누릴 수 있는 것이다. 부모가 얼마만큼 애를 썼느냐에 따라, 아이가 누릴 수 있는 정도가 달라지는 것이다. 나는 본인이 누리고 있는 것들이 당연한 것이 아니라 감사하게 생각해야 하는 거라고 아이들에게 자주 알려준다.

나에게 당연하다고 느끼는 어떤 것이, 다른 누군가에게는 간절히 바란다 해도 못 가지는 것일 수도 있다. 이제부터 아이들에게 '당연히'라는 단단하게 굳어진 생각의 틀을 깨고, 넓고 유연하게 생각을 하는 힘을 키우도록 노력하자. 부자이든 가난한 사람이든, 선배이든 후배이든, 부모든

착한 아이보다 주도적인 아이로 키우는 불량 육아

자식이든, 나이가 더 많은 사람이든 어린 사람이든 그 관계 속에서 당연히 누가 무엇을 해야 한다고 생각하는 사람들이 많다. 선배와의 저녁 식사에 당연히 연장자가 계산하겠지 하는 마음으로 팔짱만 끼고 있는 후배가 대부분이다.

"선배님, 제가 오늘 계산을 하겠습니다."

라고 당당히 지갑을 여는 후배. 이런 사람은 어디에 가도 사랑을 받고 성공한다. 이 글을 읽고 있는 당신의 아이의 미래의 모습이 되길 바라지 않는가? 그렇다면 오늘부터 부모가 먼저 고정된 틀에서 벗어나 유연한 사고를 하는 습관을 들이도록 노력하자.

9

사랑할수록 주도적인 아이로 키우라

나는 어렸을 때부터 굉장히 주도적인 아이로 자랐다. 물론 내 뜻과는 상관없이 그렇게 자랄 수밖에 없었지만 말이다. 한부모 가정에서 자랐고 나의 고민과 진로에 대해 조언을 구할 만한 어른이 없었다. 그렇다 보니 스스로 생각하고 판단하고 책임지는 일이 당연시되었다. 학교 다닐 때 공부를 하라 말라, 일찍 자라 말라 이런 이야기를 들어본 적이 없다. 물론 대학을 갈 때 진로 상담도 아빠가 먹고사느라 힘들다 보니 신경을 쓰지 못했다.

간호과를 선택한 이유는 딱히 없었다. 나이팅게일이 누구인지도 몰랐다. 단지 성적에 맞추어서 주위에 친구들이 몇몇이 가니까 아무 생각 없이 쓸려서 지원했다. 고등학교 때 방황을 한 바람에 수능 성적은 엉망이었고, 전문대에 후보로 합격을 했고 다행히 입학하게 되었다.

　대학에 입학한 이후 현재까지도 주변의 누군가와 나의 인생에 대해 상담을 해본 적이 없었다. 습관이 되다 보니 무엇이든 혼자 척척 잘해나갔다. 심지어 신랑과도 나의 문제를 상의하지 않는다. 살아가는 동안 내 인생의 갈림길에서 고민이 깊어지는 순간에는 책이나 유튜브, 강연을 통해서 조언을 들었다. 나와 비슷한 고민을 하고 길을 개척해나간 누군가에게 솔루션을 듣는 것이 해결하는 데 필요한 빠르고 정확한 방법이라는 것을 나는 안다.

　주도적인 인생을 살아간다는 것은 내 인생의 방향키를 내가 잡는 것이다. 주변을 보면 방향키를 제대로 잡지 못하고 이리 휘청 저리 휘청, 파도에 휩쓸리기도 하고 망망대해를 바람에 따라 떠다니는 배와 같은 사람을 많이 접한다. 스스로 결정하지 못하고 남의 판단에 따라 휘둘리는 사람이다.

　다른 사람의 의견을 취합해서 듣고, 결국은 나 스스로 판단을 하는 것. 그리고 그 판단에 따른 결과도 오롯이 내가 책임지는 것. 온갖 시련과 고통에도 흔들리지 않고 묵묵히 앞으로 나아갈 수 있는 그것이 바로 주도적인 인생이다. 인생은 한 번뿐이다. 가난한 사람이나 부자나 미국에 있는 사람이나 우리나라 사람이나 똑같이 주어지는 것이 24시간이고, 모든 사람은 한 번밖에 살지 못한다.

시간에 휘둘리지 않고 본인 스스로 주도적으로 방향을 잡고 살아가는 힘, 그것을 아이들에게 가르치고 싶다. 내가 육아를 할 때 가치를 두고 노력을 하는 부분이기도 하다.

"엄마, 지금 다니는 학원은 더는 못 다닐 것 같아."

4학년이 되자 아이가 1년을 넘게 다닌 학원을 못 다닌다고 선전 포고를 했다. 같은 학원에서 모든 과목을 종합으로 듣다 보니 엄마로서는 너무 편하기도 했는데, 갑자기 무슨 일인가 싶었다.

"무슨 일이라도 있었어?"

"아니, 이 학원이랑은 안 맞는 것 같은 생각이 자꾸 들어서."

"그럼 어떻게 하면 좋겠어?"

"쉬면서 생각 좀 해보고 싶어."

학원 원장님이랑 이야기해본 결과 선생님이 너무 자주 바뀌었다는 것을 알게 되었다. 첫째는 유치원을 다닐 때부터 학원을 꾸준하게 다녔다. 주기적으로 학원 선생님이 피드백을 해주기 때문에 일일이 아이에게 캐물어 본 적이 없다. 학원 선생님은 나보다 전문가이며 돈을 주고 맡겼고 알아서 할 텐데 굳이 오늘 어디까지 배웠냐고 물을 필요가 없다고 여겨졌다. 학원 안 가겠다고 징징거리지 않고 잘 가고 잘 오면 되는 것이다.

며칠을 학원을 안 가고 마음껏 쉰 아이는 수학과 토론학원을 먼저 알아보고 싶다고 했다. 몇 군데의 학원을 상담 예약하고 아이랑 함께 가보았다. 나는 학원을 결정할 때, 절대적으로 아이의 판단에 맡긴다. 학원에 직접 다닐 아이가 학원과 선생님에 대한 느낌이 좋은 것이 가장 중요하다. 학원이 커서, 선생님이 인상이 좋아 보여서, 교재가 좋은 것 같아서, 학원비가 다른 곳에 비해 싼 것 같아서, 집이랑 가까워서 이러한 모든 생각은 엄마만의 생각이다.

첫째 아이는 영어를 싫어했다. 영어 한두 달 늦게 간다고 해서 크게 영향을 미치지 않으니 마음에 내킬 때 등록하자고 했다. 얼마 뒤 아이는 마음의 준비가 되었는지 알아봐달라고 얘기했고, 레벨 테스트를 받았다. 테스트의 결과에 본인도 실망한 기색이 보였다. 아이는 선생님이 추천해준 레벨보다 더 낮은 레벨에 들어가서 기본기를 다지고 싶다고 했다. 선뜻 허락했다.

학원과 학원 사이 비는 시간에는 수영을 배우겠다고 해서, 등록을 해주었다. 내가 보기에는 다소 **빡빡한** 스케줄이었다. 하지만 본인이 알아서 하겠다고 하니 더는 말할 필요가 없었다. 본인이 알아서 한다는 이 말이 나는 너무나도 좋다. 몇 달이 흐른 지금, 아이는 역시나 알아서 척척 잘해나가고 있다. 오히려 내가 아이의 학원 스케줄이 헷갈려 엉뚱한 소리를 하는 경우가 많다.

주도적인 아이로 키우고 싶다면, 아이의 선택이 미숙해 보여도 그냥 맡겨야 한다. 인생은 시행착오의 연속이다. 아이에게도 실패할 기회를 주어야 한다. 부모가 생각하는 최선을 아이에게 강요하지 말자.

편의점에 가서 아이랑 실랑이 벌여본 경험이 있을 것이다. 처음에는 마치 원하는 것을 사줄 것처럼 뭐 먹고 싶냐고 물어본다. 아이가 고른 과자를 보고 이건 맵다, 양이 많다, 건강에 안 좋다 이런저런 이유로 손에서 뺏어버리는 부모를 흔하게 볼 수 있다. 결국은 가성비 좋고 나름 건강에 좋다는 과자를 결제하고 나간다. 그럴 거면 왜 아이에게 뭐가 먹고 싶냐고 물어보는 것일까 하는 생각이 들 때가 많았다.

아이가 매운 과자를 고르려고 한다면 어떻게 하는 게 맞을까? '이렇게 고추가 그려졌고 빨간 색깔이 되어 있는 과자는 먹었을 때 매워서 먹기가 힘들다는 표시야.'라고 설명해주면 된다. 이 과자를 먹었을 때 벌어질 상황을 얘기해주었는데도 아이가 먹겠다고 하면 사주면 된다.

물론 아이는 한 개를 먹자마자 얼굴이 시뻘겋게 달아오르면서 울 것이다. 그렇다고 큰일이 생기지 않는다. 제대로 매운맛을 본 아이는 이제 두 번 다시 매운맛의 과자는 먹는 게 아니라는 걸 몸소 배우게 된다. 백 번 천 번 듣는 말보다 본인이 한 번 경험해보면 끝나는 일이다. 편의점에서 과자 고르는 것부터 스스로 할 수 있도록 허락해야 한다.

우리 집 둘째 아이는 고추를 먹어보겠다고 해서, 먹어보라고 했다. 당연히 고추를 먹고 난 뒤에 벌어질 일에 대해 아주 친절하게 설명해주었다. 호기심 많은 녀석은 소심하게 살짝 씹어 먹더니, 울고불고 난리가 났다. 이후 두 번 다시는 고추를 먹겠다는 말을 하지 않는다. 모든 주도성의 시작은 아주 작은 것에서 시작해야 한다. 어떠한 경험도 어떠한 판단도 아이가 주도적으로 할 수 있도록 해야 한다.

나는 응급실에서 근무했었다. 불의의 사고로 인하여 사망한 사람, 크게 다친 사람 등을 숱하게 경험하였다. 사고라는 것은 나만 조심한다고 해서 피할 수 있는 것이 결코 아니다. 한 치 앞도 모르는 게 세상이다. 사고가 나서 불운을 맞이한 사람도, 몇 분 전까지만 해도 응급실에 누워 있을 것으로 생각하지 못했을 것이다. 부모라면 이런 주제에 대해 한 번은 진지하게 생각해보았으면 한다.

조부모가 있고 삼촌, 고모, 이모가 있다 하더라도 그들은 부모가 아니다. 부모라는 큰 버팀목이 없어지더라도 아이가 스스로 인생을 잘 살아갈 수 있는 강한 아이로 키워내야 한다. 어떤 상황이 되더라도 자기 자신을 믿고 꿋꿋이 살아갈 수 있는 그런 힘 말이다. 아이를 사랑한다면 아이를 약한 사람으로 키워내는 것이 아니라, 강하고 주도적인 아이로 키우자. 어차피 아이의 인생을 살아가는 사람은 결국, 부모가 아니라 아이라는 것을 잊지 말자.

3장

아이의 주도성을
높이는
불량 육아의 비밀

줏대 없는 부모, 원칙이 없는 아이

식당에 들어와서 앉자마자 밥을 다 먹을 때까지 스마트폰을 계속 보고 있는 아이는 쉽게 볼 수 있다. 스마트폰이라는 것이 없었던 옛날에는 아이들을 어떻게 키웠나 싶을 정도로 스마트폰이 없이 가만히 앉아 있는 것을 견디지 못하는 이런 상황이 안타깝다. 물론 스마트폰을 본다는 행위 자체가 나쁘다는 말이 아니다. 유튜브나 게임을 통해서 한글과 수학, 영어를 익힐 수 있는 긍정적인 면이 충분히 있다. 하지만 시간 제한을 두지 않고 마음대로 보게끔 하는 것은 큰 문제이다.

나도 식당에서 아이들에게 스마트폰을 허락하기도 한다. 하지만 식사하는 동안은 절대 스마트폰을 보여주지 않는 원칙이 있다. 음식이 나오기 전에도 대기가 많아서 30분 이상 소요될 것으로 예상이 된다면 10분가량 보게 허락을 한다. 그리고 음식이 나오면 바로 스마트폰을 가지고 온다. 되도록 음식이 나오기 전에 얌전히 테이블에 앉아서 유튜브에 의존하지 않고 기다리는 힘을 키워야 한다.

식사가 나오는 10분도 견디지 못해서 징징거리는 아이라면 부모 스스로 자신의 행동을 생각해보아야 한다. 앉기만 하면 스마트폰을 열어보는 것이 사람들의 고칠 수 없는 습관이 되어버렸다. 부모가 이러하니 아이들도 기다리는 것을 힘들어하는 것이다.

나는 일명 '쓰리 타임아웃' 방법을 쓴다. 아이가 식사를 모두 끝내고 난 후에, 신랑과 내가 식사를 모두 마칠 때까지 스마트폰 보기를 원하면 허락한다. 엄마와 아빠가 모두 식사를 끝낼 때까지라는 것은 꼭 알려주어야 한다. 신랑과 내가 식사가 다 끝나갈 때쯤이면 미리 알려준다.

"10분 후에는 엄마, 아빠 식사가 끝날 거야."

10분 후에는 아이들은 아쉬운 마음으로 바라본다. 이때 융통성 없이 칼같이 뺏어버리면 안 된다.

"3분만 더 시간을 줄게."

3분 후에는 대개는 보던 스마트폰을 돌려준다. 하지만 너무 아쉬워하는 영상은 한 번 더 시간을 준다. 총 세 번까지 시간을 쓰고 난 후에는 더 기회를 주지 않고 스마트폰을 가져온다. 지금은 아이들이 밥을 다 먹고 난 후에는 둘이서 식당 밖에서 놀고 있으라고 이야기하는 경우가 많다. 될 수 있는 대로 스마트폰에 노출되는 것을 최소화하려고 한다.

우리 아이들도 처음부터 이렇게 했던 것은 결코 아니었다. 처음에는 보던 영상을 안 끄기 위해서 쓰리 타임이 끝나고 난 후에도 땡깡을 피우기도 했었다. 하지만 이 상황에서 아이의 기선 제압에서 밀리면 안 된다. "이제 더는 안 되는 거야. 약속한 대로 세 번까지 봤어."

야무지게 이야기하고 스마트폰을 뺏어야 한다. 스마트폰을 뺏긴 아이는 울겠지만 흔들리지 말아야 한다. 이 상황에서 줏대 없이 흔들리면 아이는 떼를 쓰면 다 되는 줄 알게 되니 정신을 바짝 차려야 한다. 그렇지 않으면 아이에게 휘둘리는 부모가 되는 지름길을 가게 된다. 약속이라는 것은 지켜야 하는 거고 엄마는 땡깡을 피워서 될 사람이 아니라는 것을 인식시켜주어야 한다.

세 번까지 기회를 주어야 하는 이유는 아이도 어른처럼 욕망이 있기 때문이다. 그러한 욕망은 존중해주어야 한다. 재미있는 TV 프로그램을 보고 있는데 남편이 다른 채널로 돌려버린다면 기분이 어떨까? 제일 먼저 드는 기분은 무시당하는 기분에 분노가 치밀어오를 것이다. 하지만 남편이 10분 후에 뉴스를 봐야 한다며 미리 양해를 구한다면 나를 존중해준다는 생각에 충분히 양보해줄 마음이 생기게 된다.

아이도 처음부터 단칼에 뺏겨 버리면 존중받지 못한 기분에 반감이 든다. 그러므로 나는 최대 세 번까지 기회를 주면서 스스로 스마트폰을 부모에게 돌려줄 마음의 준비를 하도록 하는 것이다.

나도 줏대 없는 팔랑귀로 손해 본 적이 있다. 아니, 현재도 그걸로 인해 손해 보고 있다. 코로나로 인해 장기간 학교와 학원을 가지 못하고 집에서 방치 아닌 방치되는 첫째가 염려되던 때가 있었다. 집에서 할 만한 것이 없다 보니 심심해했다. 지인이 어느 학습지 프로그램을 추천해주었는데 과학을 좋아하는 큰아이에게 안성맞춤이라 생각했다. 이튿날 학습지 선생님과 상담을 했다. 과학 프로그램만 하려고 했었는데 이것저것 늘어놓는 이야기에 귀가 팔랑거렸다.

이놈의 팔랑귀 때문에 생각지 않았던 전 과목 학습을 등록하였다. 집에서 패드를 이용하여 학원을 대체하여 학습한다면 재미가 있을 거라 판단했다. 작은아이의 한글과 수학 그리고 영어 학습까지 덤으로 등록했다. 둘째가 영어를 너무 싫어하는데 선생님 앞에는 얼마나 재미있게 따라 하던지. 뻘쭘할 정도였다. 영어에 소질이 있었는데 엄마가 몰랐다는 소리에 덜컥 호구가 되어버린 것이다.

결국은 얼마 지나지 않아 위약금을 내면서 첫째 것은 죄다 취소를 하게 되었고, 작은아이 것은 매월 10만 원이 훌쩍 넘는 돈이 매월 나의 통장에서 아무 의미 없이 빠져나가고 있다. 앞으로 2년이 더 남았다. 위약금을 내고 해지하고 싶어도 해지 불가인 상품에 가입해버려서 이러지도 저러지도 못하고 있다. 해지 불가인 상품이란 것도 제대로 듣지도 못하고 일을 저질러버린 것이다.

누군가는 이야기할 것이다. 집에서 엄마가 시간 날 때 공부를 시켜주면 된다고. 나는 공부하는 아이 옆에서 떡을 썰고 있던 한석봉 엄마와 같은 엄마가 아니다. 어쩌면 한석봉 엄마도 떡을 썰면서 어금니를 몇 번 깨물면서 떡 써는 손이 부들부들 떨렸을지도 모른다. 나는 내 아이를 몇 번 가르치다가 욱한 적이 많아서 일찌감치 손을 들었다. 돈을 주고 전문가한테 맡기는 것이 현명하다.

줏대가 있다는 것은 다른 사람의 말에 휘둘리지 않는 본인만의 가치와 기준을 지키는 것을 말한다. 사람마다 잘 모르는 취약한 부분이 있다. 이런 취약한 점에서 줏대가 없이 흔들리기 마련이다. 예를 들어 아이한테 먹는 음식만큼은 유기농이나 집밥을 꼭 먹이겠다는 원칙이 있는 엄마가 있다면, 이러한 것만큼은 줏대가 흔들리지 않는다.

하지만 공부와 관련된 문제는 줏대가 없어서 이리저리 흔들릴지도 모른다. 나 또한 아이의 교육에서는 전문가의 말을 따르는 편이다. 그렇다 보니 학습지 선생님의 판단을 그대로 믿고 넘어간 것이다. 하지만 가장 문제가 되는 엄마는 모든 면에서 줏대가 없는 경우이다. 스스로 판단하는 것을 힘들어하고 원칙이 없이 다른 사람의 의견에 나와 나의 아이를 맡기는 위험한 행동을 한다.

이 책을 보는 많은 사람은 아마도 초보 부모일 것이다. 완벽하게 아이를 키우는 사람은 없다. 누구의 말에 절대 흔들리지 않고 본인만의 고집대로만 키우겠다고 생각하는 것도 위험하다. 그렇다면 이런 책도 볼 필요가 없는 것이다. 육아와 관련된 책과 유튜브, 강좌들을 보면서 본인의 부족함을 채우면서 더 나은 방향을 본인이 찾아가야 한다.

방향을 찾아가면서 본인만의 육아 원칙이 생기게 되는 것이다. 나의 원칙이 올바르다고 생각한다면 누군가의 이야기에 휘둘릴 필요가 없이 줏대 있는 본인만의 육아를 하면 된다.

나의 주변에는 아이의 학원을 몇 개월 보내지도 못하고 좋다는 다른 곳으로 자주 옮기는 엄마가 있다. 누구나 새로운 환경에 가서 적응하기까지 시간이 걸리기 마련이다. 학원이라는 환경과 새로운 선생님에 적응해야 하는 사람은, 부모가 아니고 아이라는 사실을 잊지 말았으면 한다. 부모의 줏대 없는 행동으로 인하여 결국 아이가 흔들리고 고통받게 된다.

다른 사람의 말에 지나치게 휘둘리는 사람이라면, 특단의 대책을 써

착한 아이보다 주도적인 아이로 키우는 불량 육아

야 한다. 이래라저래라 훈수를 두는 사람들을 만나지 마라. 육아 커뮤니티에서 온갖 정보들을 비판 없이 받아들이는 성향이라면, 회원탈퇴를 하자. 누구도 내 인생을 대신 살아주지도 않으며 내 아이의 인생을 책임져주지도 않는다. 그러니 주위에서 흘리듯이 툭툭 던지는 그런 말들에는 흔들릴 필요가 전혀 없다. 꼿꼿이 흔들리지 않는 원칙이 있는 아이로 키우려면. 부모가 먼저 줏대가 있는 생각과 행동으로 원칙을 지켜야 하는 것을 잊지 말자.

2

불안한 엄마 더 불안한 아이

"나 혼자 유치원 버스 타러 가볼래."

첫째가 여섯 살이었다. 어느 날 아침에 비장한 표정으로 나에게 얘기를 했다. 우리 집은 20층이었고 출근 시간이라 낯선 사람이랑 엘리베이터를 같이 타게 될 거다. 중앙현관에서 나가 1분 정도 걸어가면 다행히 유치원 버스를 타는 정류장이었다. 첫날이니까 1층까지는 데려다주려고 했는데 아이는 극구 싫다고 했다. 염려는 되긴 했지만 허락했다. 아이는 기대 가득한 표정으로 씩씩하게 인사를 하고 나갔다. 유치원 버스 지도 선생님께 미리 전화했다.

10분쯤 지났을까? 선생님께 전화가 왔다. 아이가 저 멀리서 혼자 걸어

착한 아이보다 주도적인 아이로 키우는 불량 육아

오더니 줄을 서고 버스를 잘 타고 출발한다고 했다. 늘 껌딱지였던 녀석이었는데 조금씩 엄마 품에서 벗어나 혼자서 세상을 살아가는 방법을 터득하고 있다는 생각에 서운하기도 하고 기특하기도 했다.

이제부터 버스를 태워주기 위해 옷을 갈아입고 헝클어진 머리를 매만질 필요도 없어졌다. 이유식을 먹다 말고 죽을 이리저리 난장판으로 묻혀둔 둘째를 들쳐 안고 나가야 하는 번거로운 일도 하지 않아도 된다. 한참 동안을 출발하지 않고 서 있는 버스에 들러붙어 아이에게 손을 흔들며 하트를 날릴 필요도 없어졌다. 유치원 버스가 출발하고 나면 아파트 엄마들이랑 몇 마디 주고받고 들어오면 오전 시간의 30분은 훌쩍 지나가 버렸다.

기특한 아이 덕분에 나는 여유로운 아침을 보낼 수 있었다. 그런 우리 아이를 주변의 엄마들은 신기해하면서도 불안한 눈빛으로 보았다. 엄마가 너무 겁이 없고 저러다가 큰일이 난다면서 나에게 쓴소리를 많이 했다. 하지만 나는 신경 쓰지 않았다.

물론 그녀들의 말처럼 엘리베이터를 타고 가다가 엉뚱한 층에서 내릴 수도 있고 엘리베이터 문에 끼일 수도 있고 중앙현관 밖에 나가서 버스 정류장을 찾지 못하고 헤맬 확률도 있다. 세상일이 흉흉하다 보니 이상한 사람이랑 마주치게 될 수도 있다. 하지만 이런 걱정 저런 걱정 하다

보면 아무것도 할 수 있는 것이 없다. 아이가 스스로 준비가 되었기 때문에 해보겠다고 하는 걸 굳이 막을 필요가 있을까? 아이에게 도전해볼 기회를 주어야 아이가 더 크게 성장하는 것이다.

세상이 마냥 무서운 곳은 아니고 도전해볼 만한 흥미진진한 일들이 많다는 것을 아이에게 알려주고 싶다. 딸은 더 조심히 키워야 한다며 초등학교 입학하면 엄마가 직장을 다니면 안 된다고 조언을 해주는 사람도 있었다. 그렇다면 딸이 몇 살이나 되어야 혼자 안전하게 돌아다닐 수 있는 것인가?

딸이 아들보다 위험에 노출될 확률이 높은 것은 사실이다. 하지만 혹시라도 있을 사고를 막기 위해 엄마가 잘 다니던 직장까지 그만두고 아이 옆을 지키겠다는 것은 잘못된 생각이라고 생각한다. 그렇게 생각한다면 교통사고가 날지도 모르는데 운전을 어떻게 하냐 말이다. 부모라면 이런 사고가 그나마 나지 않게끔 주변의 환경을 조성해주어야 한다. 초등학교를 품에 안은 아파트라고 '초품아'가 인기가 있는 것도 이 이유이다. 아이들한테 위험한 동네는 굳이 말을 하지 않아도 알 것이다.

워킹맘인데 아이가 초등학교 저학년이라면 학원을 두세 군데는 들렀다가 와야 할 것이다. 요즘에는 같은 건물 안에 있는 학원들에 등록하거나 걸어서 충분히 갈 수 있는 거리의 학원에 보내는 엄마들이 많다. 나 역시도 그렇게 했다. 위치 추적이 되는 스마트폰도 일찍부터 쥐어주어야

착한 아이보다 주도적인 아이로 키우는 불량 육아

한다. 이런 식으로 최소한 아이의 안전을 확보할 수 있도록 엄마가 환경을 만들어주어야 한다.

아이의 성향은 부모가 가장 잘 안다. 평소에도 믿음직스럽게 행동했던 아이가 혼자 해보겠다고 하는 그 순간은 허락을 해주어야 한다. 반면 겁이 많거나 적응력이 떨어져서 부모의 손길이 더 필요한 아이도 있다. 그런 아이를 굳이 밀어내지는 말아야 한다. 다만 조금씩 부모가 밖에서 아이가 혼자 하는 습관을 들이도록 훈련은 시켜줄 필요가 있다.

가장 먼저 실습해볼 수 있는 곳이 편의점이다. 편의점이라는 공간에 적응이 된 아이라면 계산을 해보라고 카드를 건네줘 보자. 처음에는 쭈뼛쭈뼛할 것이다. 한두 번 경험하고 나면 카드를 건네고 계산하고 영수증이랑 카드를 돌려받는 과정에서 성취감을 느끼게 된다. 다음 단계는 아이 혼자서 편의점에 들어가서 계산을 해보는 것이다.

나는 둘째 아이가 여섯 살 때 편의점에 혼자 들어가 간식이랑 엄마가 마실 물을 사 올 수 있겠냐고 물어보았다. 몇 번의 성취감을 느꼈던 아이는 신나서 카드를 들고 뛰어갔다. 금방 나올 것 같은 아이가 나오는 데 시간이 꽤 걸릴지도 모른다. 아마 물이 들어 있는 냉장고를 열기 위해 낑낑거렸을 수도 있고 지나가다 과자들과 부딪혀 핀잔을 들으며 정리하고 있을지도 모른다.

3장_아이의 주도성을 높이는 불량 육아의 비밀

이런 경우에 불안해서 편의점에 들어갈 생각을 하지 말고 여유롭게 기다려야 한다. 편의점에서 본인이 부닥치는 모든 일은 스스로가 해결하는 힘을 키워주어야 한다. 잠시 후 아이가 뿌듯하게 검은 비닐봉지에 물건을 담아와서 당당하게 카드와 영수증을 들고 나왔다. 이때 듬뿍 칭찬해주는 것을 잊지 말자.

어떤 부모는 아이에게 카드를 손에 쥐여주는 것을 고민하는 사람이 있다. 그렇다면 스마트폰도 쥐여주지 말아야 한다. 시대에 맞는 육아를 해야 한다. 예전에는 현금을 위주로 사용했지만 지금 현금으로 결제를 하는 사람이 얼마나 되는가? 가상화폐 이야기도 나오는 시국에 현금으로 결제해야지 아이가 경제 관념이 생긴다는 고리타분한 생각은 하지 말자.

아이에게 하는 경제 교육은 천 원짜리, 만 원짜리 계산하는 방법으로 하는 것이 아니다. 돈 계산하는 방법은 수학학원에서 어차피 다 알려준다. 선생님이 엄마보다 훨씬 더 잘 알려주니 힘을 쓰지 않아도 된다. 우리 집 첫째 같은 경우도 내가 알려주지 않았는데도 언제부터인가 신통방통하게 혼자 돈 계산을 척척 했다.

초등학교 들어가기 전에 아이가 익혀야 할 것은 물건을 고르고 계산하는 행위 정도만 익혀도 충분하다. 다만 카드가 도깨비방망이 같은 요물이 아니라는 것을 알려주는 것은 중요하다. 사용한 카드는 매월 청구가

착한 아이보다 주도적인 아이로 키우는 불량 육아

되고 그 돈을 한꺼번에 부모가 돈을 내고 있다는 것을 알려주자. 아무 생각 없이 카드를 긁었을 때 벌어지는 사태에 대해서도 충분히 얘기해야 한다.

주도성을 키우기 위해서 시행착오의 과정은 필요하다. 수많은 도전과 실패가 있어야 한다는 말이다. 이 과정에서 아이가 느끼는 성취감은 주도성을 키우는 촉진제 역할을 한다. 요즘 부모들은 안타깝게도 아이에게 실패할 기회를 주지 않는다.

실패하게 되면 아이가 받을 상처가 걱정되고 두려운가? 그러한 불안과 두려움을 가진 부모는 스스로 자기 자신의 마음을 먼저 돌보아야 할 필요가 있다. 아이든 어른이든 상처를 받지 않고 살아갈 수가 없다. 상처가 아무는 것도 결국은 본인의 몫이지, 누구도 대신해줄 수가 없다. 아이라고 해서 예외는 아니다.

요즘에 포켓몬 빵을 사겠다고 편의점과 마트 앞에 줄을 서는 모습은 쉽게 볼 수 있다. 모든 편의점과 마트에 그 빵이 들어오는 것도 아니다. 빵도 몇 개 들어오지 않기 때문에 두 시간 전에는 줄을 서 있어야 한다. 얼마 전에 첫째 아이가 집 앞 편의점에서 기다리다가 본인 앞에서 잘려 버려서 상심한 표정으로 집에 들어온 날이 있었다.

아이와 함께 어디에 가면 빵을 살 수 있는지 찾아보았다. 근처 마트에 50개가 들어오는데 개점하기 전에 줄을 서서 순서표를 받아야 했다. 부푼 마음으로 치밀한 계획을 짜서 이튿날 부리나케 향했다. 아이의 표정이 기대가 가득했다. 나는 빵을 살 수 있게 해달라고 간절히 소원까지 빌었다. 하지만 안타깝게도 순서표를 받지 못했다. 아이는 실패감을 느꼈을 것이다.

어른인 나도 섭섭한데, 아이의 마음은 오죽했을까. 눈물이 뚝뚝 떨어지는 아이를 보고 얘기했다. 오늘 실패했으니 이 경험을 바탕으로 내일은 반드시 번호표를 받을 수 있게 계획을 다시 짜자고 말이다. 아이가 실망한 모습을 보는 것은 나도 부모이니 마음이 좋지 않다. 하지만 아이가 반드시 경험해봐야 하는 일이다.

아이 스스로 헤쳐나가야 하는 세상살이에 부모가 해야 하는 일은 무엇일까? 아이가 세상을 주도적으로 살아가기 위한 훈련을 조금씩 하도록 허락해야 한다. 부모는 그저 응원하고 바라보면 된다. 불안한 눈빛으로 아이를 보지 않아야 한다. 부모가 느끼는 불안은 아이한테 고스란히 전달된다는 것을 잊지 말자.

3

성격 급한 부모, 흔들리는 아이

어느 날 인터넷을 보다 한국인의 급한 성격에 관한 글을 본 적이 있다. 나 역시 그러한 모습이기 때문에 크게 웃었던 기억이 있다. 자판기에 커피 버튼을 눌러놓고 컵 나오는 곳에 이미 손을 넣고 기다리다가 가끔 흘러나오는 커피에 손을 데기도 한다. 사탕은 빨아 먹지 못하고 깨물어 먹거나 택시를 잡을 때도 도로로 내려가 택시를 따라 뛰어가며 문손잡이를 열자마자 목적지를 외친다. 버스가 정류장에 다가오면 이미 도로로 내려가고 문이 열리기도 전에 문에 손을 대고 있는 사람도 있다.

영화관에서도 엔딩 크레딧과 함께 OST를 감상하는 여운도 없이 나가기 바쁘고 식당에서 요리가 나올 때까지 기다리는 것을 굉장히 힘들어한다. 엘리베이터를 타면 '닫힘' 버튼을 누르기가 바쁘다. 닫힘 버튼만 닮은 사진을 보고 큰 웃음이 나왔다.

　나는 성격이 급한 사람이다. 두세 가지 일을 동시에 하려다 보니 물병을 엎지르거나 스마트폰을 떨어뜨리고 발목을 삐끗하고 문틈에 손가락이 끼이는 경우는 비일비재하다. 나 스스로 정신없다고 느껴지는 경우가 허다하다. 그러하니 이러한 나의 성향은 육아에 있어 그대로 반영되었다. 세월아 네월아 하고 천천히 걸어가는 아이, 재미가 없는지 생각을 하는지 장난감을 멍하니 보고 있는 모습, 밥을 후딱 먹지 않고 있는 모습을 보면 답답했다.
　기다리지 못하고 손을 잡고 이끌거나 등을 뒤에서 밀거나 장난감이 흥미가 없어서 그런가 보다 싶어서 다른 장난감으로 냉큼 바꾸어주었다. 이왕이면 따뜻한 밥을 먹었으면 하는 마음에 얼른 먹으라고 옆에 앉아 닦달하던 적도 많았다.

　첫째 아이는 또래들에 비해서 똘똘하게 말을 잘하던 녀석이었다. 그러던 어느 날 아침 갑자기 말을 더듬기 시작했다. 그야말로 하루아침에 있었던 일이었다. 아니, 어쩌면 아이의 마음속에는 숱하게 많은 어려움을 이미 느끼고 있었을지도 모른다. 내가 예전에 말더듬이 굉장히 심했었다. 그래서 말을 더듬는다는 고통이 어느 정도인지 고치기가 얼마나 힘

착한 아이보다 주도적인 아이로 키우는 불량 육아

든 것인지 누구보다 잘 알고 있었다.

아이는 엄마라는 단어가 입 밖으로 나오지 않아서 얼굴이 시뻘겋게 달아오르고 그 자리에서 팔짝팔짝 뛰면서 아주 힘겹게 엄마라는 말을 뱉었다. 가슴이 쿵 하고 내려앉는 기분이었다. 그날 이후로 좋아지기를 기대하는 나의 마음과 달리 말을 더듬는 증상은 심해져만 갔다.

무엇이 이렇게 말을 더듬게 한 걸까? 아이를 퍼포먼스 미술학원에 강제로 보낸 나의 잘못이었다. 엄마 껌딱지였던 아이를 바꾸려고 했다. 그리고 아이가 수업하는 동안 한 시간이라도 쉬고 싶었다. 퍼포먼스 미술학원은 온몸에 물감을 바르고 던지면서 노는 수업이었다. 첫날에 물감이 얼굴에 가득 묻은 채 멍하니 서 있던 아이의 모습이 기억난다. 지금 생각해보면 겁을 잔뜩 먹은 얼굴이었는데 정신없는 엄마는 재미있어한다고, 잘하고 있다며 등을 떠밀었었다.

미술학원 수업을 할 때면 엄마가 밖에 있나 두리번거리며 즐기지 못하는 아이가 답답하게 느껴졌었다. 지금 생각해보면 보내지 말았어야 했다. 무 자르듯이 미술학원이 문제였다고 말할 수는 없지만, 불안을 주는 자극제가 되었던 것은 틀림이 없다.

어린이집에 하원을 할 때 놀이터에서 삼삼오오 모여 아이들끼리 놀다가 집에 가곤 했었다. 말을 더듬는 우리 아이를 보고 엄마들은 혹시나 본인의 아이가 따라 하지나 않을까 염려를 하는 듯한 분위기를 느꼈다. 머리로는 이해하면서도 아픈 가슴은 달랠 길이 없었다. 어린이집에서 혹여나 말을 더듬는 것 때문에 누가 지적이라도 할까 봐 염려되었다.

말더듬이나 틱 같은 경우에 그 행동을 직접적인 방법으로 지적을 하면 절대 안 된다. 아이가 수치심과 죄의식을 느끼고 증상이 더욱 심해지기 때문이다. 어린이집 선생님에게 말을 더듬는 것을 지적하지 말 것을 신신당부하였다. 그리고 발달센터를 알아보기 시작했다. 말을 배우기 시작하면 그럴 수도 있다고 주위에서는 이야기했지만, 남의 집 아이이기 때문에 속 편하게 이야기하는 것뿐이다.

부모는 전문가가 아니다. 문제가 생기면 전문가의 도움을 꼭 받아야 한다. 발달센터에 가면 부모가 아이와 놀아주는 스타일에 대해 직간접적으로 조사가 이루어진다. 유리창이 있는 방에 들어가서 아이와 주 양육자가 놀잇감을 가지고 놀아주면서 대화하는 모습을 전문가가 밖에서 관찰한다. 그리고 집에서 아이와 함께 노는 모습을 편하게 동영상을 촬영하여 보내면 이것 또한 분석이 이루어진다. 결과를 듣는 날이었다.

나는 스스로 아이와 친구처럼 잘 놀아주는 엄마라고 자신했다. 하지만 결과는 참담했다. 전문가는 전문가였다. 아이를 대하는 부모의 행동과 말 한마디도 놓치지 않고 분석이 되었다. 가장 많이 지적된 부분은 부모가 성격이 너무 급하다는 것이다. 그러면서 아이와 노는 모습을 촬영한

착한 아이보다 주도적인 아이로 키우는 불량 육아

영상을 보여주었다.

그 영상을 보면서 신랑과 나는 무엇이 문제인지 알게 되었다. 아이가 장난감을 멍하니 바라보고 있으면 기다리지 못하고, 다른 장난감으로 금세 바꾸어버렸다. 재미가 없어 보인다는 것은 순전히 엄마 혼자 생각이었는데 말이다. 영상 속의 나는 새로운 장난감을 가지고 아이 앞에서 흥미를 유발하겠다고 열심히 혼자 떠들고 혼자 오버 액션을 하고 있었다. 아이는 시무룩한 얼굴로 엄마에게 뺏긴 장난감을 힐끔거리며 쳐다보는 장면을 보았다. 나는 그것도 눈치채지 못하고 나 혼자 신이 났다.

우리 부부의 반복되는 급한 육아 스타일에 아이가 따라오기 버거웠을 것이다. 엄마와 아빠가 말도 어찌나 빠르게 하는지. 아이가 대답하는 시간을 기다려 주지도 않은 채, 말을 끊어버리는 경우가 너무 많아서 민망했다.

우리가 이런 형편없는 육아를 하고 있었구나. 불안한 상태에서 강제적으로 데려간 퍼포먼스 미술학원은 기름에 불을 붙이는 꼴이었다. 전문가에게 꾸준한 교정을 받으면서 다행히도 아이의 말을 더듬는 증상도 없어졌을 뿐더러 우리 부부도 양육 스타일을 많이 바꾸는 좋은 계기가 되었다. 하마터면 아이랑 정말 잘 놀아주는 엄마, 아빠라고 착각하고 살면서 아이를 망칠 뻔했다. 아이와 대화하거나 놀이를 해줄 때 동영상을 촬영

3장_아이의 주도성을 높이는 불량 육아의 비밀

해서 한 번 보는 것을 권유한다. 충격받는 부모가 꽤 있을 것이다.

스스로가 판단이 힘들다면, 발달센터에 가서 테스트를 받아보는 것도 추천한다. 우리가 아프기 전에 건강검진을 받는 것처럼 이러한 테스트도 육아 건강검진과 같은 것이다. 내가 고쳐야 할 부분을 정확히 지적해주면, 거기서 끝나는 것이 아니라 반드시 노력하는 부모가 되어야 한다.

우리 부부는 그때 교육받은 내용을 잊지 않고, 둘째를 키우면서도 잘 써먹는다. 어떻게 아이랑 대화해야 하는지 어떻게 놀아주어야 하는지, 전문가에 배워 공부하면 더 똑똑하고 수월한 육아를 할 수 있다. 나도 가끔은 아이의 말이 길어지면 머릿속으로는 다른 생각을 한다. 하지만 끄덕거리며 듣는 척은 꼭 한다. 중간에 추임새를 넣어주는 것을 잊지 말아야 한다. 흥미진진하다는 표정 연기도 중요하다.

"우와. 정말? 그래서 어떻게 되었는데?"

아이는 엄마가 적극적인 반응을 해주는 그것만으로도 만족해한다. 내 말을 끝까지 듣지도 않고 훅 치고 들어오는 무례한 사람을 보면 기분이 엄청 나쁘지 않은가? 아이들도 똑같다.

옷 입고 신발 신는 게 답답하다고 엄마 몸이 먼저 반응하지 말기. 아이가 밥 먹는 게 답답하다고 숟가락으로 퍼서 아이 입에 밀어 넣지 않기. 아이가 하는 양치질이 답답하다고 칫솔을 뺏어서 우악스럽게 닦아주지

착한 아이보다 주도적인 아이로 키우는 불량 육아

말기. 만들기 하는 아이가 답답하다고 후딱 만들어준답시고 뺏어오지 않기. 아이가 느림보처럼 걸어가더라도 뒤에서 등 떠밀거나 번쩍 들어 올려서 걸어가지 않기. 편의점에서 과자 한 봉지 고르는 데 한참을 서 있더라도 빨리 고르라고 구박하지 않기.

한 템포만 천천히 육아하자. 성격이 급한 부모가 모든 것을 가로채버린다면, 아이는 스스로 하는 힘을 키울 기회를 잃어버리게 된다. 누구나 처음에는 미숙하다. 미숙함이 완숙함으로 변하기까지 부모는 느긋한 모습으로 아이를 한 걸음 뒤에서 바라보는 인내심을 가지자.

4

낭창하고 지저분한 엄마가 아이를 편하게 키운다

나는 깔끔하지 않다를 넘어 지저분하다는 표현이 맞을 정도로 불량 주부이다. 먼지나 자잘한 쓰레기들은 소파 밑이나 거실 구석으로 몰아두었다가 한꺼번에 청소기를 돌린다. 냉장고는 오래된 과일이 물러터져 바닥에 들러붙어 있는 걸 눈으로 확인하기 전까지는 정리하지 않는다. 세탁기도 제때 돌리지 못해 빨래 바구니에 담아두었던 옷을 뒤적여서 꺼내 훌훌 털어 다시 아이들에게 입힌 적도 많다. 옷가지는 허물 벗어두듯이 이곳저곳에 흩어져 있는 일도 부지기수이다. 다행히 남편도 성향이 비슷하다 보니 큰 마찰이 없었다. 보다 못해 더 불편한 사람이 먼저 치우게 되는데, 대부분이 남편의 몫이 될 때가 많다.

착한 아이보다 주도적인 아이로 키우는 불량 육아

그렇다 보니 아이들에게 방을 깨끗하게 치우라는 이야기를 하며 스트레스를 주지 않는다. 하루는 아이의 방을 대충이라도 정리를 하려는데, 어디선가 달콤한 향기가 코를 찔렀다. 언제 먹었는지 모르는 아이스크림이 묻은 막대가 책상 한 귀퉁이에 붙어 있었다. 피식 웃음이 나왔다.

"아이스크림이 묻은 막대기는 너무 심했다. 버리더라도 파리가 안 꼬일 정도로 깨끗하게 쪽 빨아 먹고 둬야지."

엄마의 낭창한 꾸중에 아이는 크게 웃었다. 그날 이후로 아이는 아이스크림이 묻은 막대기를 책상 위에 버려두는 일은 더는 하지 않는다.

말끔하게 정리가 된 책상에서 책을 봐야 한다는 고정관념을 버려라. 독서를 하는 데 있어 가장 중요한 것은 책을 좋아하는 마음과 의지이다. 오히려 나는 깔끔하게 정리가 된 휑한 책상보다는 책과 서류가 너저분하게 쌓여 있는 책상에서 작업하면 능률이 더 오른다.

첫째 아이는 저렇게 많이 쌓여 있는 책 중에서 숙제할 거리와 학교와 학원에 가져가야 할 유인물과 책들을 용하게도 잘 찾는다. 그래, 다른 사람의 눈에는 너저분하게 보이지만 나름대로 아이가 분류하고 정리한 것이었나 보다 하고 긍정적으로 생각한다.

아이가 이유식을 할 때였다. 마냥 아기 새처럼 입을 벌려 받아만 먹던 아기가 죽 그릇에 손이 들어갔다. 하나 가득 죽을 손에 쥐고는 주물럭대며 한참을 죽으로 범벅된 자기 손을 바라봤다. 죽의 쫀득한 느낌과 찰진 소리가 나쁘지 않았나 보다. 손에 묻은 죽을 입으로 가져가서 먹기 시작했다. 물론 많은 죽을 버리게는 되었지만, 입으로 들어간 죽도 적지 않았다. 냄비 안에는 죽이 아직 많이 남아 있다. 냄비 안에 죽을 푹 퍼와서 그릇에 가득 담아주었다. 이제는 숟가락으로 안 먹여도 혼자 먹는다는 사실에 신이 났다.

아이가 이유식을 시작하고 끝이 나는 유아기 동안에 자율성이 자라게 된다. 물론 내가 처음부터 자율성을 키우겠다고 계산하고 한 행동이 아니었다. 아기가 본인만의 놀이에 푹 빠져 있는 동안, 식탁 앞에서 멍하니 있을 수 있는 시간을 버는 것이 좋았다. 커피 한잔도 하고 온라인 쇼핑을 할 수도 있었다. 낭창하게 앉아서 나는 금쪽같은 소중한 나만의 자유 시간을 보냈다.

시간이 지나 아기를 보면 얼굴부터 머리 그리고 상반신은 이미 죽으로 범벅이 되어 있었다. 주방 바닥과 벽에는 아기가 던진 죽이 사방에 튀어 있었다. 아기는 즐거워했다. 나도 즐거웠다. 마음껏 더 오래 죽으로 신나게 놀려무나.

어느 날 온몸으로 죽을 가지고 놀던 아기가 숟가락이라는 도구를 이용하여 죽을 뜨려고 안간힘을 쓰더니 입으로 골인하는 것이 아닌가. 이것

착한 아이보다 주도적인 아이로 키우는 불량 육아

이 바로 말로만 듣던 자율성이었다. 한 번 성공하고 두 번 성공하고 횟수가 거듭될수록 아이는 더는 죽을 온몸에 바르고 던져대는 행동은 하지 않았다. 많은 시행착오를 거치면서 도구를 제대로 사용하는 방법을 획득하게 되었다. 이 과정에서 아이는 어떻게 하면 입으로 골인할 수 있을까 무수히 많은 고민을 했을 것이다.

아기는 본인 입으로 들어오는 그 숟가락이라는 존재에 대해 호기심을 가지게 된다. 엄마처럼 숟가락을 이용하여 스스로 먹겠다는 자율성이 생기기 시작한다. 아이에게 숟가락을 뺏기지 않으려고 신경전을 하는 깔끔한 엄마가 많다. 한 번이 어렵지 두 번은 쉬운 법이다. 죽을 온몸에 바르고 천진난만하게 즐거이 웃고 있는 아기에게 자율성을 키우는 기회를 주고, 엄마도 쉴 수 있는 시간을 번다면 일석이조 아닌가?

엄마가 입혀주는 대로만 입던 아이는 어느 순간부터 본인이 옷을 고르기 시작한다. 등원 준비로 1분이 10분 같은 아침에 고집을 피우는 아이와 실랑이를 벌이는 것은 굉장한 스트레스이다. 하지만 나는 이러한 문제로 스트레스를 받은 적이 없다. 왜냐면 어떤 옷을 입으려 하든 개의치 않았기 때문이다. 특히나 얼룩이 묻어 더러워진 옷을 입겠다고 해도 그러라고 했다.

어린이집에 가면 어차피 물감, 흙, 음식물로 오염이 될 텐데 굳이 깔끔한 옷을 입혀야 하나 싶었다. 등원할 때 지저분한 옷보다 깔끔한 옷을 입혀서 선생님을 만나면 좋다는 것은 나도 안다. 하지만 굳이 선생님 보기 좋으라고, 내 아이가 입겠다는 옷을 뺏으면서까지 실랑이를 벌일 필요가 있을까? 그렇게도 염려된다면 학기 초에 선생님과 상담을 할 때 엄마의 육아 스타일을 미리 이야기하자. 방임하는 엄마로 오해받는 일이 없도록 말이다.

아이는 마네킹이 아니다. 아이가 언제까지 얼룩이 묻은 옷을 입겠다고 고집을 피울까? 길어봐야 일곱 살? 얼룩이 묻은 허름한 옷을 입은 아이를 다른 사람들이 이상하게 볼 것 같다면, 그런 생각은 그만해도 된다. 왜냐면 남들은 내 아이에게 그다지 관심이 없다.

요맘때의 아이를 키워본 부모들이면 대부분 공감할 것이다. 좋은 옷 입혀도 아무 소용이 없다는 것을 말이다. 금방 버려도 아깝지 않을 옷을 입었다 하더라도, 그날 하루는 어린이집 선생님이 그만큼 마음 편하게 우리 아이와 신나게 놀아주는 날일 것이다.

우리 둘째는 일곱 살 여자아이이다. 오늘은 핑크 공주로 변신해서 유치원에 갈 거라는 이야기를 하고 자기 방에서 한참을 꽃단장하고 나왔다. 짜잔~! 핑크 공주 치마에 가지런하게 땋은 두 갈래머리 그리고 쓰레기통에 들어가기 일보 직전인, 누렇게 색이 바랜 얼룩이 묻은 쭈글쭈글한 티셔츠.

"우와~ 오늘 멋있네. 공주다 공주!"

말은 이렇게 하면서 언발란스인 스타일에 큰 웃음이 터진 나를 보고, 아이는 삐졌나 보다.

"내가 좋아하는 옷이라고. 내 스타일이라고."

그래, 사랑하는 내 아이의 스타일이다. 나는 내가 입는 게 아니면 상관없다는 쿨한 생각으로 즐겁게 아이를 유치원에 데려다주었다.

이런 지저분한 티셔츠를 용납하지 못하는 부모들은 일찌감치 쓰레기통에 버렸을 테고 아이는 그 티셔츠 당장 내놓으라고 아마 유치원에 안간다고 드러누울 것이다. 혹은 미처 버리지 못했다면 어떻게 해서든 입히지 않으려고 아이랑 실랑이하게 되고, 부모와 아이 모두 아침부터 기운을 빼고 마음 상해 버린 채로 유쾌하지 않은 하루를 시작할 것이다.

예전에는 땅바닥에 떨어진 과자도 털어서 먹지 않았는가? 30년 전의 흙바닥이랑 지금의 흙바닥이 달라지기라도 한 걸까? 나는 바닥에 떨어진 과자나 사탕은 심하지 않다면 털어서 먹으라고 한다. 과일을 먹을 때 포크를 깜빡했다면 귀찮으니 손으로 먹기도 한다. 심지어 휴지가 없으면 옷에 닦기도 한다. 참고로 우리 아이들은 잔병치레 없이 잘 자라고 있다. 아이를 키운다는 것은 정신적으로, 육체적으로 에너지를 많이 소모하는 고된 일이다. 아이를 키우면서 신경 써야 할 부분이 얼마나 많은가.

지저분하고 낭창하게 키우는 육아가 나는 편하다. 덩달아 아이들도 편

3장_아이의 주도성을 높이는 불량 육아의 비밀

하다. 깔끔하게 지내려고 너무 애써 노력하지 말자. 차라리 그 시간에 커피 한잔하거나 책을 몇 장 보거나 낮잠이라도 한숨 자면서 쉬는 것이 어떨까? 깔끔하게 지내는 생활이 즐겁고 행복하다면 할 말이 없지만, 그 깔끔함과 단정함을 아이한테 강요하지 말자. 아이는 부모의 소유가 아니며, 한 인격체라는 것을 잊지 말아야 한다.

착한 아이보다 주도적인 아이로 키우는 불량 육아

5

돈 공부를 일찍 해야 하는 이유

"저기 아파트는 얼마 정도 될 것 같아?"

"너라면 몇 동에 살고 싶어?"

나는 아이와 함께 길을 가다가 눈앞에 보이는 아파트를 보고 이런 대화를 하는 것을 좋아한다. 네이버를 열어 아파트 가격을 알아보고 아이가 본인이 말한 가격과 평형대에 근접하면, 편의점에서 먹고 싶은 걸 사주는 게임 같은 것도 한다.

나는 다주택자이다. 그렇다 보니 다주택자에 관련된 뉴스에 관심이 많다. 다주택자에 대해 곱지 않은 시선들이 많다. 서민들의 집을 뺏으면서 호의호식하는 나쁜 다주택자, 욕심 많은 다주택자 등등 네이버에 다주택자를 검색만 해도 안 좋은 댓글을 보는 것은 쉬운 일이다. 첫째 아이는 다주택자에 대한 개념을 알고 뉴스를 보면 나에게 이야기해주기도 한다.

경제적인 관념을 아이에게 키워주고 싶다면 부모가 먼저 돈에 관심을 가져야 한다. 사람이 인간다운 삶을 살아가기 위해서 가장 필요한 것이 바로 돈이다. 하지만 많은 사람은 돈 얘기를 불편해한다. 돈만 밝히는 속물로 보이는가 보다. 인터넷에서 인상 깊은 문구를 본 적이 있다.

"버스에서 우는 것보단, 택시에서 우는 것이 더 낫다."

돈이 우리의 인생에서 얼마나 중요한지는 부인할 수가 없다. 어떠한 위기 상황에서 나와 내 가족을 지킬 수 있는 것은 돈이다. 냉정하게 말하자면 주변인의 따뜻한 위로는 그냥 거기서 끝이다. 돈이 있다면 그 위기를 더욱더 쉽게 극복할 수 있다.

아이가 주도적이고 강한 어른으로 자라기를 바란다면 돈 공부는 선택이 아니고 필수이다. 참으로 답답한 것은 학교 수업에 이러한 경제 교육이 없다는 것이다. 수학이나 영어 이러한 것들이 중요한 것처럼 돈 공부도 얼마나 중요한 건데 말이다. 전 국민이 이런 돈 공부를 열심히 하게 되면 가난한 사람들이 없어지는 것이 두려운 어떤 세력의 힘이 작용하지 않았을까 하는 의심이 들 때도 있다.

많은 부모가 아이에게 공통으로 가르치는 게 있다. 바로 절약 정신이

착한 아이보다 주도적인 아이로 키우는 불량 육아

다. 절약해야지 돈을 모을 수 있다고 말이다. 물론 모든 재테크의 기본이 절약은 맞긴 하다. 하지만 절약만 강조한다는 것이 문제인 것이다. 절약하고 적금 들고 청약통장 가입하고 착실하게 아끼는 삶을 산다면 행복한 인생을 살게 될까? 글쎄 나는 그렇게 생각하지 않는다. 푼돈에 연연하면 작은 사람이 될 수밖에 없다. 절약만이 능사가 아니라는 것을 말하고 싶다.

"오늘 파주에 있는 빌라에 임장 가자."

나는 경매를 공부했었고 아이들과 함께 임장 갔었다. 반지하 빌라와 멀쩡한 빌라, 고급 빌라, 오래된 아파트 등 아주 다양한 곳을 보았었다. 경매 사이트에서 출력한 물건 내용에 대해서 첫째 아이와 함께 이야기했다. '이 물건은 노후가 어느 정도가 되었으며 대충 금액은 어느 정도인데, 지금 현재 경매로 나와서 얼마까지 떨어졌다. 이 가격이 형성된 이유가 있을 것이다.' 그것에 대해서 추측해보고 현장에 함께 가서 분석한다.

부동산과 아파트 관리실에 아이랑 함께 들어가서 이야기도 들어보곤 했다. 아이에게 대충 어느 정도 가격이 맞을지와 낙찰을 받을지를 논의하기도 했다. 물론 아이의 대답은 어른의 눈으로 보면 터무니없는 것들이 많다. 하지만 이러한 문제를 함께 주고받는 것이 아이에게는 신선한 경험이다.

법원에 낙찰을 받으러 갈 때도 첫째를 데리고 몇 번 참석했었다. 함께

171

3장_아이의 주도성을 높이는 불량 육아의 비밀

임장 갔다 온 물건이니 생생한 경매 현장에서 이루어지는 눈에 보이지 않는 전쟁을 보여주고 싶었다. 패찰, 패찰, 패찰, 계속 패찰이 되었다. 무엇이 문제였을까? 아이와 법원에서 돌아오는 길에 함께 이야기하면서 다음에는 꼭 낙찰받을 거라는 의지를 함께 불태웠다.

그러던 어느 날 아파트 한 채를 낙찰받게 되었다. 나의 이름이 호명된 순간 아이가 얼마나 기뻐하던지 그 순간을 잊을 수가 없다. 법원에서 나와서 축하하는 기념으로 짜장면을 먹으면서 하면 된다는 이야기를 하며 파이팅을 크게 외쳤다.

낙찰받은 아파트를 힘들게 인도를 받았다. 오랫동안 공실이었던 터라 아파트는 그야말로 썩어 문드러지기 직전이었다. 집에서 가장 멀쩡한 유일한 곳은 신발장 앞 현관 바닥이었다. 전기와 수도가 끊긴 집에서 한동안 살다가 야반도주를 해버린 모양이었다. 집의 여기저기에는 분변과 음식물, 곰팡이들로 숨을 쉬기조차 힘들었다. 천정은 무너져내렸고 모든 방문은 다 박살이 났고 싱크대는 주저앉기 직전이었다. 장마철이어서 그 꿉꿉함은 이루 말할 수가 없었다. 버리고 간 쓰레기와 오물들로 인하여 발 디딜 틈이 없었다.

그해 우리 가족은 여름휴가를 반납하고 장마철에 그 집을 청소하였다. 소나기가 내리는데 그 비를 다 맞으면서 쓰레기를 내다 버리고 빗자루로 쓸고 분변과 음식물을 토할 정도로 역겹지만 직접 내다 버렸다. 썩은 벽

착한 아이보다 주도적인 아이로 키우는 불량 육아

지를 뜯으면 머리에 곰팡이와 먼지들이 하나 가득 쏟아졌다. 정말 값진 경험을 하였다.

그 아파트는 얼마 후 전세 세입자에게 임대 주게 되었다. 파주 외곽의 아파트이지만 얼마의 집값이 올랐다. 아이와 얼마 전 현재 아파트값을 이야기를 나누었다. 매도하게 되면 수익금의 5%씩을 두 아이에게 주겠다고 약속했다. 누군가는 말한다. 아파트 청소는 돈 주고 사람 시키면 되는 것을 왜 고생하냐고. 물론 돈을 주고 사람을 불러 청소할 수도 있었다.

하지만 나는 두 아이에게 이런 경험을 꼭 시켜주고 싶었다. 경매 공부에서부터 낙찰을 받아 세입자를 맞추는 모든 과정을 보여주는 것에서 끝나는 것이 아니라, 참여를 시키고 싶었다.

우리 두 아이는 지금도 그 아파트를 청소하던 그때가 너무 재미있었다고 이야기한다. 바로 이것이 산 부동산 교육이 아닐까?

나는 주식으로 손실을 많이 보았다. 성격상 분산 투자 이런 걸 못한다. 이른바 '몰빵' 투자와 단타 투자를 좋아한다. 그렇다 보니 돈을 벌어보기도 하고 잃어보기도 했다. 현재도 나의 급한 몰빵 투자로 인해 엄청나게 큰 금액의 손실을 보고 있고 회복하기에는 멀고도 먼 듯하다. 두 아이의 돈도 덩달아 고점에서 물려버린 지 오래되었다. 얼마가 마이너스인지 주

3장_아이의 주도성을 높이는 불량 육아의 비밀

식 창을 펼쳐보기가 두려워서 잊고 지내고 있다. 첫째 아이는 어린이 주식 책을 사서 공부를 했었다. 주식에 대해서 나에게 얼마나 쓴소리를 하는지 모른다.

"몰빵 투자하지 말라고 했잖아. 분산 투자 몰라? 왜 그러는 거야?"

"나도 알지. 그런데 1천 원 정도만 오르면 빼려고 했는데. 기다려볼까?"

"내 돈 손해 볼 테니 그냥 빼줘. 더 떨어질 것 같아."

부동산, 주식, 펀드, 달러 투자 등 돈 공부할 것들은 차고 넘친다. 월급만 꼬박꼬박 모아서 부자가 될 수 없다. 아니, 평범한 인생조차 허락받지 못할 수 있다. 아이가 둘인 집이면 마이너스 통장을 쓰지 않으면 살아갈 수 없다는 이야기를 들은 적이 있다. 실감이 가는 말이다. 명품을 쇼핑하는 것도 아니고 흥청망청 쓰는 것도 아닌데, 돈 들어갈 구멍은 많고 물가는 터무니없게 오르기만 한다. 월급만 늘 그 자리이다.

여행을 한 달에 한 번 정도 가볍게 다녀오고 식당에 가서 아이들 먹고 싶다는 것 먹이고 비싼 브랜드는 아니더라도 아이가 원하는 옷을 사서 입혀주는 정도로 나는 살고 있다. 대단한 것을 원하는 것도 아닌데, 먹고 살기는 참 힘들다. 돈은 이 사회를 살아가기 위해 선택이 아니라 필수이다.

아이가 어렸을 때부터 돈 공부를 시켜야 한다. 그러기 위해서는 부모

착한 아이보다 주도적인 아이로 키우는 불량 육아

가 먼저 돈 공부를 해야 한다. 지금까지도 마이너스 통장에서 벗어나지 못하고 2년 전이나 지금이나 살림살이가 나아지지 않았다면 문제가 있다는 것을 인정해야 한다. 소중한 아이가 풍족하게 사는 것을 원치 않는가? 그렇다면 오늘 당장 우리 가정의 경제 상황을 분석하고 앞으로 무엇을 해야 하는지에 대하여 진지하게 고민을 해보는 하루가 되도록 해보자.

3장_아이의 주도성을 높이는 불량 육아의 비밀

6

'미안해'라고 말하기보다 '고마워'라고 말하기

나는 일하는 엄마이다. 첫째도 둘째도 육아 휴가를 받고 1년 동안 키웠고, 돌이 될 때 즈음 아이를 어린이집에 보냈다. 아이를 키우는 1년이 정말 지옥 같았다. 고통스러울 때가 행복할 때보다 훨씬 많았다. 육아 휴가가 끝나는 날을 손꼽아서 기다렸다. 병원 유니폼을 미리 받아서 집에서 입어보던 그날이 생각난다. 소풍 가는 전날처럼 기분이 날아갈 것 같았다. 이제 엄마가 아닌 간호사 김민소가 되어 살아가는 시간이 온 것이다.

누군가는 이야기한다. 아이는 최소한 3년은 엄마가 돌보아야 한다고. 3년이라는 기준이 어디에서 나왔는지 모르겠지만, 나와 주위 경험으로 비추어보면 아무런 상관이 없는 것 같다. 육아의 질은 시간에 비례하는

착한 아이보다 주도적인 아이로 키우는 불량 육아

것이 절대 아니다. 나는 오히려 복직하고 나서 아이에게 더욱 사랑을 줄 수가 있었다.

엄마가 일하니까 미안해서 더 잘해준 것이 아니냐고 누구는 생각하겠지만 결단코 아니다. 나는 아이에게 일하는 엄마라서 미안하다고 생각한 적이 없다. 간호사로서 8시간을 병원에 있노라면 엔도르핀이 돈다. 일하면서 느껴지는 스트레스조차도 즐길 정도로 나의 일을 사랑한다. 잠시나마 아이의 존재를 잊고 오로지 나한테만 집중할 수 있었다.

누군가는 물었다. 일하고 있으면 아이가 보고 싶지 않냐고. 전혀 생각나지 않았다. 그렇다고 해서 내 아이를 사랑하지 않는 것은 결코 아니었다. 지극히 별개의 문제이다. 출근해서 아이에게 문제가 있을까 노심초사하면 뭐하겠는가? 무슨 일이 있다면 어린이집에서 연락이 올 텐데. 오히려 아기는 엄마와 집에 있는 것보다 어린이집에 가서 노는 것을 더 좋아하고 기다릴지도 모른다. 그냥 그렇게 생각하자. 엄마 마음이라도 편하게 말이다.

둘째 같은 경우는 유치원 선생님들이 6시에 퇴근한다. 그래서 6시에 데리러 간다. 우리 아이는 늘 꼴찌로 집에 가거나 어쩌다 꼴찌에서 두 번째로 집에 간다. 당직 선생님이 없다는 사실이 아쉽기만 하다. 7시에 데리러 가면 딱 좋은데 말이다. 아이가 유치원에 오래 있다고 해서 해가 되

3장_아이의 주도성을 높이는 불량 육아의 비밀

는 것은 전혀 없다.

아이를 데리러 가기 전까지 유치원 앞에 커피숍에서 밀린 나의 업무를 본다. 시원한 곳에 앉아 커피 한잔하면서 감미로운 음악을 듣고 있노라면 기분이 너무 좋다. 야속하게 그럴 때는 시간도 빨리 지나간다. 일찍 아이랑 집에 가서 업무를 볼 수가 없다. 아이 말에 건성으로 대답하거나 짜증스럽게 반응할 확률이 높다. 그러느니 내 일을 모두 끝내고 기분 좋게 만나 즐거운 저녁 시간을 보내는 것이, 엄마와 아이 서로의 정신 건강에 이로운 일이다.

엄마가 일한다고 미안해할 필요가 전혀 없다. 그러한 마음을 가진다면 무엇이든 아이에게 보상을 해주어야 한다는 심리가 생긴다. 많은 엄마가 금전적으로 원하는 걸 사주면서 보상하려 한다. "엄마가 미안해."라는 말을 달고 사는 사람도 있다. 아이를 어린이집에 맡기고 출근을 해야 한다는 사실이 왜 미안한 일인지, 가만히 혼자 앉아 이성적으로 종이에 적어보자.

그저 아이에 대한 애처로운 마음으로 인한 미안하다는 감정이 드는 것뿐이다. 열나는 아이를 해열제를 먹여서 어린이집에 보내야 한다는 사실이 안타까울 것이다. 다른 아이들은 잘 노는데 내 아이만 아픈 병아리처럼 구석에 누워서 골골거리고 있는 모습이 머리에서 떠나지 않을 것이다. 내가 이러면서까지 일을 해야 하는 이유가 무엇일까 생각할 것이다.

178

남편이 쥐꼬리만큼 돈을 가져다주기 때문에 어쩔 수 없이 일을 나갔건, 나의 경력을 위해 나갔건 일을 하게 된 이유는 중요한 문제가 아니다. 이왕 일을 시작했다면 마음을 편하게 먹고 즐겁게 일을 하자. 엄마가 아이를 데리러 갔을 때, 아이에게 미안하다는 말을 쓰지 말고 고맙다는 말을 쓰자.

"잘 기다려줘서 고마워. 시아 덕분에 오늘 재미있게 일하고 왔어. 너는 어땠어?"

허겁지겁 뛰어가며 미안하다고 하는 엄마를 보면 아이는 어떤 마음이 들겠는가? 내가 어린이집에 있는 일이, 엄마가 자신에게 미안해하는 일이고 어린이집에 가는 것이 즐거운 일이 아니라고 잘못 받아들이게 된다. 아이 앞에서 부디 당당한 엄마가 되자.

나는 반찬 가게와 반조리식품 음식 가게 사장님들에게 진심으로 감사하게 생각한다. 이러한 가게들이 없는 세상은 상상조차 하기 힘들 정도로 나는 많은 것을 의존한다. 내가 집에서 아이들한테 요리를 직접 해서 먹인다는 것은 아주 가끔 있는 일이다. 나도 볶음밥이나 카레 정도는 할수는 있지만 달가워하는 일은 아니다.

하루는 첫째가 엄마가 만든 김치찌개를 먹고 싶다며 부탁을 해왔다. 인터넷에 있는 레시피를 따라 열심히 만들어보았지만 내가 먹어도 정말 맛이 없었다. 물론 두 번 다시 엄마가 만든 음식을 먹겠다고 말하지 못하게 할 의도는 결코 아니었다. 찌개의 맛을 본 첫째 아이는 그 이후로 두 번 다시 김치찌개를 끓여달라는 말을 하지 않았다. 얼마나 다행인지. 그날 실수로 잘 끓였더라면 그날 이후로 김치찌개를 끓여야 하는 날이 자주 있었을지도 모른다.

나는 카레는 그나마 먹을 수 있을 정도로 만든다. 그래서인지 둘째가 카레를 찾을 때가 있다. 카레를 직접 만들어보면 요리하는 것이 그다지 어렵지는 않다. 다만 야채를 사서 껍데기를 벗기고 조각조각 자르는 일은 참 귀찮은 일이다. 하루는 반찬 가게에서 카레를 두 팩을 사 와서 내가 만든 것처럼 쇼를 보이고 아이에게 먹였다.

"엄마가 만든 카레가 최고야."

역시 아이는 강황의 그 달콤한 맛이 좋았던 것이고, 엄마가 부엌에 서서 지글지글 무언가를 끓이는 그 모습이 좋았나 보다. 그렇다면 지금처럼 조리된 음식을 사 와서 냄비에 넣어 국자로 휘휘 저어주는 모습을 보여주면 되는 것이다. 생각해보면 참 간단하다. 엄마가 요리를 반드시 해서 먹여야 한다는 생각을 하지 말자.

남이 해준 밥이 제일 맛있다. 엄마들이라면 백번 공감할 말이다. 집밥만 아이들에게 먹이겠다고 하는 엄마들은 정말 대단한 분들이다. 나에게 하루 세 끼 집밥을 해서 먹이라고 한다면 깊은 우울감에 빠질 것이다.

착한 아이보다 주도적인 아이로 키우는 불량 육아

퇴근하면서 두 아이를 데리고 식당에서 밥을 사 먹이고 집으로 들어가면 너무 편하다.

요즘은 밖에서 사 먹는 것이 집에서 해 먹는 거랑 돈 드는 것은 비슷비슷하다. 식당에서 먹는 것이 조금 더 비싸다고 할지라도 엄마가 설거지할 필요도 없고 쓰레기도 나오지 않고 뭘 먹을까 고민을 하지 않아도 되고 얼마나 좋은가. 그 비용을 지불한다 생각하면 되지 않을까. 밖에서 사먹는 음식들이 몸에 나쁘다는 근거 없는 이야기를 하는 사람들이 있다. 아이들이 먹는 음식에 MSG가 들어가봤자 얼마나 들어갔겠는가. 그래봤자 돈가스, 우동, 김밥, 치킨, 볶음밥, 짜장 아이들이 먹는 메뉴는 뻔하지 않은가.

반찬 가게에서 반찬을 사다 먹이면 오히려 더 다양하게 아이들한테 먹일 수가 있다. 괜히 반찬을 많이 만들어서 버리는 것도 많을 텐데 적당한 양을 사서 깔끔하게 먹이는 것은 참 좋은 일이다. 반찬 가게에서 양도 어찌나 적절하게 나누어 담았는지. 보통 반찬 4개에 1만 원이면 산다. 3일 정도는 거뜬하게 먹는다. 아이들이 먹는 반찬도 뻔해서 고민할 필요가 없다.

어른들도 밥을 먹기 싫을 때가 있지 않은가. 반조리식품이라 할지라도 어쨌든 꺼내서 재료를 넣어서 데워야 하는 번거로움이 있다. 피곤한 날에는 이러한 것조차 귀찮은 날이 있다.

"아메리칸 스타일로 알아서 먹자."

그런 날에는 계란후라이와 치즈가 올려진 토스트와 시리얼과 우유로 끼니를 해결한다. 그것마저 귀찮은 날에는 아점을 먹자고 한다.

"하루 세 끼를 꼭 먹어야 한다는 생각은 하지 말자. 한 끼 정도 굶어도 된다."

아이가 골고루 먹지 못할까 봐 걱정된다면 좋은 품질의 종합비타민을 먹이면 된다. 편하게 마음을 먹으면 육아도 편하다. 채소 안 먹고 고기 안 먹고 편식하면서 자란 부모들도 많을 것이다. 나도 예외는 아니다. 하지만 지금 아무 탈 없이 살고 있지 않은가. 정크푸드를 입에 달고 사는 것은 물론 안 좋은 일이다. 채소를 꼭 먹어야 한다는 고정관념은 가지지 말자. 서로 피곤한 일이다.

아이에게 어떠한 것으로 인해서든 미안한 마음을 가지지 말자. 그러한 마음이 드는 순간 아이에게 휘둘리게 되는 빌미를 제공하는 것이다. 맞벌이 부부 생활을 하다 보면 아이를 돌볼 수 있는 시간이 절대적으로 부족한 것은 사실이다. 이로 인해서 일어나는 돌발 상황도 있다. 하지만 그러한 상황을 함께 겪어가는 아이는 대처 능력과 적응 능력을 키우게 된다.

오늘부터는 아이에게 미안하다는 말 대신, 고맙다는 말을 하는 당당한 부모가 되자.

7

한 발자국 뒤에서 바라보는 육아

아이를 키울 때 내 아이라 생각하지 말고, 조카라고 생각하고 키우면 잘 키운다는 말이 있다. 내 아이가 아픈 거랑 조카가 아픈 거랑은 비교 불가이다. 내 아이는 눈에 넣어도 아프지 않을 자식이지만 조카는 아무리 예쁘더라도 그 정도는 아니다. 감정적으로 바짝 밀착되어, 육아를 하게 되면 사사로운 문제가 많이 발생하게 되어 있다. 아이를 조카 혹은 옆집 아이라 생각하고 키우면 좀 더 수월하게 육아를 할 수 있다.

어떤 사고가 터졌을 때 감정이 들어가게 되면 풀릴 일도 꼬여버린다. 사회생활이 그렇듯 육아도 아이에 대한 지나친 감정이 들어가면 육아가 버겁게 느껴지고 부정적인 상황으로 몰고 갈 확률이 높아진다.

여름 어느 날, 겨울 부츠를 꺼내 신고 있는 아이를 본다면, 대개는 뺏어버리고 여름 신발을 신도록 할 것이다. 어김없이 아이는 겨울 부츠를 신겠다고 땡깡 피울 것이고 엄마는 아이랑 실랑이 벌이며 기운을 다 뺄 것이다.

아이는 이런 뜨거운 여름날에 털 부츠를 신고 나가게 되면, 발이 후덥지근해서 짜증이 머리끝까지 치밀어오를 것이라는 설명은 이해하지 못한다. 아예 털부츠를 아이 눈에 보이지 않는 곳에 처음부터 치워두는 게 가장 좋은 방법이다. 못 치운 상태에서 아이가 신겠다고 하면 불편함을 겪어보게 하는 것도 나쁘지 않다.

보나 마나 털부츠를 신고 나간 아이는 30분도 버티지 못하고 들어오게 되어 있다. 땀으로 흠뻑 젖은 발을 부츠에서 빼면서 느껴지는 시원하면서도 찝찝한 그 느낌. 그때 아이는 배우게 된다. 여름에는 이런 털부츠를 신으면 안 된다는 것을 말이다.

겨울에도 반팔 티셔츠를 입고 나가겠다고 하면 나는 그러라고 한다. 실제 겨울에는 집에서 난방을 빵빵하게 틀기 때문에 아이는 밖도 집처럼 따뜻하다고 착각을 할 수 있는 게 어쩌면 당연한 일이다. 아이에게 밖은 집이랑 온도가 달라서 두툼한 겨울옷을 입고 나가야 한다고 말해도 이해하지 못한다. 직접 반팔 입고 매서운 겨울바람을 맞아봐야지 창문 밖의 세상은 다르다는 것을 배우게 된다. 그 후에는 굳이 내가 말을 하지 않아

착한 아이보다 주도적인 아이로 키우는 불량 육아

도 두툼한 외투를 집어든다.

아이가 여름에 털부츠를 신고 나가서 땀이 흠뻑 난다고 한들 아이한테는 아무 일이 생기지 않는다. 역시 겨울에 반팔 티셔츠를 입고 나간다 해도 큰일이 생기지 않는다. 괜히 신발장 앞에 서서 실랑이를 벌이지 말고 서로의 에너지를 아끼자. 아이는 본인의 의견을 존중을 받는 기분에 만족스러울 것이다.

이럴 때 부모가 함께 외출을 나가는 상황이라면 여름 신발을 살짝 가방에 넣어가면 된다. 아이들이 날씨와 계절에 안 맞는 옷을 입고 신발을 신겠다는 일은 허다하다. 실제 우리 집 두 아이는 계절에 안 맞게 옷차림을 한 경우가 몇 차례 있었으나, 아무 일이 없었다.

사람에게는 항상성이라는 기전이 있다. 본능적으로 생명을 유지하기 위해 작동하는 신체 반응이다. 물을 먹지 않으면 갈증이 느껴지고 추운 곳에 나가면 사시나무 떨듯 떨게 되고 더운 날에는 땀을 흘리며 옷을 벗게 하는 것 말이다. 이러한 것들이 모두 항상성이고 위험한 상황에서 살 수 있도록 만들어진 본능적인 반응이다.

항상성은 사람이라면 누구나 작동하게 되어 있다. 추운 겨울에 외투를 입지 않고 나갔다고 하면 영하의 온도에서는 버텨낼 수가 없다. 몇 분도 지나지 않아 뛰어 들어오게 될 것이라는 사실을 우리는 모두 알고 있다.

항상성이 있어서 인간은 지나치게 춥고 지나치게 더운 환경이라면 안전한 곳인 집을 찾아오게 된다. 그러니 너무 큰 염려는 하지 않아도 된다. 이러한 모든 경험이 겹겹이 쌓이고 쌓이면서 아이들은 본인을 스스로 지켜나갈 방법을 터득하는 것이다.

하루는 비가 억수같이 쏟아지던 날이었다. 우산을 가지고 나간 날이었는데 요란스럽게 내리치는 빗소리가 신기했나 보다. 아이가 비를 맞고 싶다고 했다. 흔쾌히 허락했다. 우리가 어렸을 때 기억을 더듬어보자. 비를 흠뻑 맞으면서 친구들이랑 뛰어다녀본 기억은 누구나 있을 것이다. 내리는 비를 머리부터 발끝까지 맞으면 샤워기에서 내리 뿜는 그 물줄기랑은 비교가 안 될 정도로 기분이 좋다. 특유의 비 냄새가 있는데 난 그 냄새가 너무 좋았다.

아이에게 그런 기분을 느끼게 해주고 싶었다. 그날 아이는 머리부터 운동화까지 아주 홀딱 젖어버렸다. 신이 나서 물웅덩이도 풍덩 들어갔다가 나오고 사방으로 뛰어다니는 아이를 보며 나도 잠시 옛 추억에 빠져들었다. 그 후로도 아이는 수차례 비도 맞았고 함박눈도 맞았다. 아쉽게도 우박은 아이가 한 번도 맞아보지 못했다. 어렴풋하게 어렸을 때 맞았던 우박의 느낌이 따끔따끔하기는 했는데 기분 나쁘지 않았다. 언젠가 우박이 내리는 날에 아이랑 함께 나도 꼭 맞아볼 것이다.

착한 아이보다 주도적인 아이로 키우는 불량 육아

요즘 내리는 비와 눈은 산성비와 산성눈이라고 걱정하는 엄마들이 많다. 물론 내가 그런 쪽으로 연구를 하는 사람이 아니다 보니 정확히 말은 하기가 힘들다. 하지만 사람이 맞으면 안 될 정도의 산성이라면 우리 지구에 살아남을 동식물이 얼마나 있을까? 그리고 내 아이와 나는 그렇게 비와 눈을 맞았는데도 머리털이 빠지지 않고 멀쩡하다.

　우산을 쓰긴 애매한 그런 날이 있다. 나는 손에 들고 다니는 것이 거추장스럽다. 그렇다 보니 조금 내리는 비는 맞고 만다.

　"이 정도의 비는 맞아야 제맛이지."

　아이들과 함께 잔비를 맞으며 뛰어가는 것이 재미있다. 공주 드레스를 질질 끌면서 나가겠다는 둘째 딸이 이야기한다.

　"내 소중한 드레스가 비에 젖어버리면 안 된다고. 나는 우산을 쓰고 갈래."

　"들고 나가는 것은 너의 마음이지만, 우산은 엄마한테 줄 생각하지 마라."

　드레스 치맛자락을 살포시 들고 우산을 쓴 채로 걸어 다니던 아이는 역시나 우산이 거추장스럽게 느껴진 듯하다. 우산을 내렸다 들었다 반복하더니 엄마를 물끄러미 바라본다. 이때 아이의 우산을 절대 들어주면 안 된다. 자기 입으로 뱉은 말은 스스로가 책임을 져야 한다는 메시지를 전해주어야 한다.

이런다고 아이가 우산을 안 들어준 엄마를 원망할 것 같은가? 아니다. 다음에 같은 상황이 벌어졌을 때 어떤 선택을 하는 것이 현명한 것인가 상황 파악을 하게 된다. 아이들과 외출 나갔을 때 아이가 힘들까 봐 어린이집 가방이며 짐이며 모두 부모가 들어주는 것들을 아주 흔하게 볼 수 있다.

아이가 감당할 수 있는 정도의 본인의 물건은 책임을 지도록 키워야한다. 그 작은 어깨로 가방을 메고 걷는 것이 안쓰러운가? 앞으로 아이가 살아갈 인생은 저 조그만 어린이집 가방보다 훨씬 무거울 텐데? 본인의 어깨에 맞는 무거움을 꼬맹이 때부터 느끼게 해주자. 어린이집 가방의 무게는 그 나이의 아이가 짊어져야 할 삶의 무게라고 생각한다.

본인이 감당해야 할 몫을 다른 사람에게 넘기지 않고 작은 약속이라도 본인이 한 말은 지키기 위해 노력해야 한다. 이런 훈련을 어렸을 때부터 부모가 시켜주어야 한다,

아이가 짝이 안 맞는 신발을 신고 어린이집에 가면 안 되는 걸까? 아이가 허름하고 지저분한 옷을 입고 유치원에 가면 안 되는 걸까? 로봇 캐릭터와 공주 캐릭터가 큼지막하게 그려진 유치한 옷을 입으면 안 되는 걸까? 어른의 눈으로 아이의 세상을 보지 말자. 어른이 보는 세상과 아이가 보는 세상은 확연히 다르다.

착한 아이보다 주도적인 아이로 키우는 불량 육아

따지고 보면 엄마와 아빠가 입을 것도 신을 것도 아닌데, 한 발자국만 떨어져서 아이의 선택을 존중해주자. 사람과 사람 사이에는 적당히 떨어진 거리가 서로를 지킬 수 있는 길이다. 나와 내 아이의 사이도 적당한 거리를 지키는, 바라보는 육아를 해보자. 훨씬 마음이 편할 것이다.

8

인생의 차이를 만드는 책 읽는 습관

나는 첫째 아이가 머리를 가누고 앉아 있을 때부터 책을 읽어주었다. 돌이 아직 지나지 않았던 아기에게 이야기를 들려주고 싶은데, 대화거리가 없었다. 그래서 책을 펼쳐 들고 이야기를 하기 시작했다. 나비가 날아가는 것, 바람이 부는 것, 냇물이 흘러가는 것 아주 많은 이야깃거리가 책만 펴면 펼쳐진다.

"하얀 토끼가 폴짝폴짝 뛰어가서 빨간 당근을 와삭와삭 맛있게 먹고 있네. 산토끼 산토끼야, 어디 가는 거야?"

토끼 한 마리로도 충분히 많은 이야기를 할 수 있고 동요도 함께 불러주면 아이가 너무 좋아했다. 부모가 책을 읽어줄 때 글자만 따라 읽는 것

착한 아이보다 주도적인 아이로 키우는 불량 육아

이 아니라 갖가지 형용사를 섞어서 맛있게 이야기를 전달하는 것이 중요하다. 그러기 위해서는 그림을 보면서 상상력을 최대한 쥐어 짜내야 한다.

식탁 위, 소파 위, 책상 위, 바닥 여기저기에는 책들을 펼쳐두었다. 어차피 볼 책을 굳이 꼽아야 하나 생각했다. 그런데 아이가 장난감보다 펼쳐진 책을 더 많이 가지고 놀기 시작했다. 기어 다니고 걸어 다니고 앉아 있을 때 눈에 보이고 손에 잡히고 발에 걸리는 많은 것들이 책이다 보니, 아이에게는 책이 장난감과 같은 존재가 되었다.

책은 책장에 가지런하게 꽂혀만 있으면 안 된다. 키가 높은 책장보다는 아이의 눈높이에 맞는 낮고 긴 책장이 좋다. 아이가 쉽게 뺄 수 있도록 책을 반만 꽂은 채 울퉁불퉁 끼워두자. 아이가 손가락에 힘이 들어가기 전까지는, 책장에서 책을 빼 든다는 건 쉽지 않은 일이다. 몇 번 시도해봤는데 책이 빠지지 않는다면 아이는 흥미를 잃어버린다. 아이가 수월하게 책에 손이 갈 수 있도록 환경을 만들어주는 것이 중요하다.

나는 결혼 전부터 TV를 즐겨 보던 사람이 아니었다. 다행히 신랑도 TV를 보는 것을 즐겨 하지 않는다. 둘 다 스마트폰을 쓸데없이 들여다보지 않는다. 신랑은 게임의 '게' 자도 모르는 사람이다. 그렇다 보니 트러블이 있었던 적이 없었다. 부모가 그렇다 보니 아이들도 자연스럽게 TV

를 보지 않는 분위기가 만들어졌다. 집에서 TV를 보지 않다 보니 늘 아이와 놀아주어야 했다.

만만한 게 책이었다. 나는 책을 좋아하고 신랑도 직업이 대학교수이다 보니 집에서 책과 함께하는 시간이 많았다. 자연스레 아이는 우리가 밥을 먹고 옷을 입는 것처럼, 책을 보는 것을 당연하게 생각하기 시작했다. 아이 앞에서 부모가 책을 읽는 모습을 자연스럽게 자주 보여주는 것은 너무나도 중요하다. 책 뒤에 스마트폰을 숨겨두고 들여다보고 있을지라도 책을 펴들고 있자.

첫째 아이가 어린이집에 다니는 시기에 문제가 있는 것이 아닌가 싶을 정도로 책을 너무 좋아했다. 좋아하는 책을 읽기 시작하면 10번은 기본으로 반복했던 것 같다. 처음 한두 번은 성심성의껏 읽어주다가 세 번이 넘어가면 영혼이 없는 목소리가 나오기 시작하며 지루하긴 했다. 하지만 지겨우니 다른 책을 가져오라고 얘기한 적이 없다. 아이가 그 책을 유달리 좋아하는 이유는 반드시 있을 것이다. 그런 아이의 취향을 존중해주었다.

비싼 돈을 주고 전집을 샀지만, 아이는 다 보지 않는다. 그중 좋아하는 책만 쏙쏙 빼서 보고 말 것이다. 전집 산 돈이 아까워서 수십 권의 책을 모두 읽혀주고야 말겠다는 생각으로 덤벼들면 아이가 책에 질려버리게 된다. 책을 좋아하는 습관을 들일 때 가장 중요한 것은 무조건 아이가 흥미로워해야 한다는 것이다. 입에 단내가 날 정도로 같은 책을 수십 번 읽어주다 보면, 어느 날부터 다른 책도 들추어보기 시작한다. 그러니 조금만 참자.

아이에게 책을 읽어줄 때도 부모는 만화영화 속 성우가 된 기분으로 재미있게 읽어주어야 한다. 단조롭고 심심한 목소리로 읽어주는 엄마들을 자주 보았다. 내가 들어도 졸린다. 병원에서 대기 중에 아이에게 그런 스타일로 책을 읽어주는 엄마에게, 책을 뺏어 들고 나한테 배우라고 오지랖을 떨고 싶을 때가 많았다. 엄마가 책을 즐거운 마음으로 읽어야 한다. 그래야 아이가 책을 읽는다는 것이, 신나는 놀이와 같은 거라고 인식하게 되는 것이다.

동물 소리뿐만이 아니라 울거나 화내는 등의 감정표현이 들어가야 하는 부분에서는 나는 최선을 다해 연기했다. 내가 강아지가 된 것처럼, 고양이가 된 것처럼, 마귀 할머니가 된 것처럼 말이다. 그렇게 하면 아이가 책이라는 호수에 풍덩 빠져들게 된다.

혼신의 연기를 하고 나면 어질어질하고 입에서 단내가 날 때도 있었다. 하지만 책이 너무 재미있다며 며칠 전에 산 전집을 하나 가득 끙끙거리며 읽어달라고 가지고 오는 아이를 보면 행복했다. 실제 우리 집 아이가 책을 좋아하게 된 결정적인 이유도 아기 때부터 책을 재미있고 흥미

193

로운 존재로 인식을 하게 되었기 때문이라 생각한다.

아이들에게 필요한 전집은 인터넷에 검색만 해도 쉽게 찾을 수 있다. 나 또한 처음에는 그런 정보에 의존한 채 전집을 사들이기 바빴다. 전문가들이 좋다고 추천해준 책이라고 믿고 구매한 것인데, 내 아이는 정작 흥미가 없었다. 관심 있어 하는 것은 전집을 사면서 서비스로 받은 단권들이었다.

우연히 창고형 대형 중고서점을 방문하게 되었다. 낡아빠진 중고 책들이 있는 곳이 아니다. 새 책의 수준에 가까운 책들이 대부분이며 정가보다 훨씬 싸게 살 수 있다. 자연 관찰 책을 산다고 하면 많은 출판사의 자연 관찰 책을 직접 비교해보고 난 후에 살 수 있다는 것이 장점이었다. 자연 관찰 책은 컴퓨터 화면에서 보는 느낌과 실제 책으로 보는 느낌은 확연히 다르다. 아이를 꼭 데리고 가서 아이가 마음에 들어 하는 책을 사야 한다. 엄마가 마음에 드는 책은 아이가 좋아하지 않는 경우가 많다. 이런 책은 사와도 아이가 보지 않는다.

부모가 좋아하고 다른 사람이 추천하는 책이 아니라, 아이가 마음에 들어 하는 책을 사는 것이 중요하다는 것을 잊지 말자. 이런 창고형 서점은 전집부터 단권까지 책이 어마하게 많다. 가격도 너무 착해서 아이와 부담 없이 구경하고 살 수 있다. 아이가 읽지 않아도 돈 아까운 마음에, 재촉하지 않게 된다는 것도 장점이다. 중고 책이니까 낙서하고 찢고 오리고 이러더라도 속이 덜 쓰렸다. 그렇다 보니 책을 장난감처럼 자유자재로 마음 편하게 막 다루면서 친하게 지낼 수 있었다.

만화로 된 과학 전집이 초등 저학년 아이들에게 인기가 있다. 중고 시장에서도 이 과학 전집은 잘 팔린다. 어른들이 흔히 생각하는 그런 만화가 아니다. 어른이 읽어도 너무나도 유익한, 과학이나 역사 등의 주제로 알차게 구성되어 있다. 만화책에 빠지게 되면 일반 책을 보지 않을까 걱정을 하는 부모가 많다. 내 경험에 비추어보면 꼭 그렇지는 않다.

첫째 아이는 만화책을 굉장히 좋아했고 현재도 진행형이다. 하지만 일반 책도 너무 좋아하고 즐겨본다. 아이가 책에 흥미를 느끼게 하는 것이 너무 중요하다. 그 이후에 책을 보는 범위가 문어발처럼 넓고 다양하고 깊숙하게 뻗어 나가게 된다. 만화책에 대한 고정관념을 버리자. 이 책 저책 가릴 것 없이 아이가 보고 싶은 것을 보도록 내버려두자.

책을 많이 읽는 아이는 생각의 크기도 클 뿐더러 구사하는 어휘의 수준도 높으며 지식과 지혜로 중무장한 똑똑한 인재로 자라나게 된다. 책을 통해 스스로 체계적인 사고를 하고 올바른 판단이 가능하며 도전하는 정신과 책임의식을 키우게 된다. 워렌 버핏은 엄청난 독서광으로 알려졌는데 그는 하루의 많은 시간을 아직도 독서를 하고 보낸다고 한다.

워런 버핏뿐만이 아니라 빌 게이츠, 버락 오바마 등 세상에 많은 성공한 사람들의 공통된 특징이 바로 독서 습관이다. 독서를 하는 습관은 인격의 차이를 만들며 더 나아가 인생의 차이를 만든다. 적은 돈을 투자하여 많은 것을 얻을 수 있는 좋은 스승인 책을 만나러 아이와 함께 서점에서 데이트하는 하루를 보내보자.

"나는 읽고 생각한다. 이 비즈니스 세계에서 대부분의 사람들보다 더 많이 읽고, 더 많이 생각하고, 덜 충동적인 결정을 내린다."

― 워런 버핏

착한 아이보다 주도적인 아이로 키우는 불량 육아

3장_아이의 주도성을 높이는 불량 육아의 비밀

부모의 믿음이
아이를
크게 키운다

1

주도성의 핵심은 자신에 대한 믿음이다

많은 사람에게 당연하고 평범한 것들이 나에게는 없었다. 엄마, 든든한 형제, 친척, 돈, 이 중에 내 손에 쥐어진 것 없이 인생을 혼자 꿋꿋이 살아왔다. 이런 시간 속에서 정신 줄을 제대로 잡고 살아간다는 것은 굉장히 힘든 일이다. 나는 왜 이런 집에서 태어난 걸까? 세상 탓, 부모 탓을 하고 살아가며 살았던 날도 있었다.

하지만 더는 삶을 그렇게 허비하고 싶지 않았다. 기댈 누군가를 찾고 원망만 하면서 살아가기에는, 내 인생이 너무 아까웠다. 지금 처한 상황에서 충분히 벗어날 수 있다고 생각하고, 나는 나를 믿었다. 결국, 지금의 나는 많은 목표를 이루었으며, 앞으로도 그렇게 살아갈 것이다.

4장_부모의 믿음이 아이를 크게 키운다

내가 직접 경험한 바로는 세상을 살아가는 데 가장 중요한 것은 자기 자신에 대한 믿음이다. 지원을 해주는 부모가 있고 든든한 형제가 있고 많은 친구가 있고 돈이 많은 이런 조건들이 있다면 세상을 살아가는 데 큰 힘이 되고 출발점이 다른 건 확실하다. 하지만 이것들이 전부가 아니라는 것은 명확히 이야기해주고 싶다.

지금의 나는 그런 지지 체계가 전혀 없었는데도 불구하고, 나름 만족스러운 삶을 살아가고 있다. 반면 충분한 지지 체계가 있었는데도 불구하고 소극적이고 수동적이고 지극히 평범하고 꿈 없는 인생을 살아가는 사람이 많다. 이러한 차이는 바로 자기 자신에 대한 믿음이 있고 없고의 문제이다.

세상을 살아가는 주인은 바로 자기 자신이라는 것을 잊지 말아야 한다. 아이가 살아가는 인생의 주인도 아이이다. 어린 꼬마한테 너의 인생은 네 것이라고 말하는 것을 애처로워할 필요가 없다. 세상은 각자의 어깨에 맞는 짐을 지고 살아가는 것이다. 세 살은 세 살의 짐, 일곱 살은 일곱 살의 짐, 이러한 짐을 지고 살아가는 것은 당연한 일이며, 이 짐을 부모가 들어주려고 하면 안 된다.

뛰어다니면서 넘어져 무릎이 벗겨지더라도 그것 또한 아이가 더 잘 뛰기 위한 시행착오의 일부분일 뿐이다. 'no pain, no gain' 이런 말이 있다.

착한 아이보다 주도적인 아이로 키우는 불량 육아

넘어지고 찢어지고 다쳐봐야 넘어지지 않는 방법을 몸으로 익히게 되는 것이다.

아이가 자기 자신을 믿게 하기 위해서는, 스스로 선택하는 경험을 자주 함으로써 작은 경험과 작은 실패를 반복해야 한다. 많은 선택이 많은 결과를 만들어내고 그 결과들이 점처럼 이어져서 인생이 되는 것이다. 아이들이 본인의 작은 문제에서부터 스스로 생각하고 선택하는 경험을 시작해보는 것이 중요하다.

이런 경험이 무수히 반복된다면, 시간이 흘러 그 경험을 바탕으로 본인의 인생을 스스로 디자인해가게 된다. 부모는 단지 한 발자국 뒤에서 여유롭게 지켜봐주는 것만으로도 충분하다. 부모가 먼저 아이를 믿어야지, 아이가 자기 자신을 믿으면서 자랄 수 있다.

"옷을 사러 갈 거야. 티셔츠와 바지 얼마나 필요해?"
"티셔츠는 3개 정도면 될 것 같고 바지는 2개만 있으면 될 것 같은데."
옷을 사러 갈 때도 나는 무조건 아이의 의견을 존중해준다. 매장에 가서도 내가 절대 고르지 않는다. 아이에게 스스로 고르라고 한다. 엄마가 아무리 좋아 보이는 옷이더라도, 정작 본인이 싫으면 살 이유가 없다. 아이가 선호하는 스타일이 아니면 이거 어떠냐고 물어보지도 않는다. 그렇다 보니 아이랑 '이거 사라, 저거 사라.' 하며 실랑이를 벌일 필요도 없으니, 시간도 아끼게 된다.

아이가 옷을 고르는 동안 나는 내가 보고 싶었던 것을 구경하고 있어도 된다. 처음에는 색깔도 안 맞고 촌스러운 옷만 골랐던 아이가, 지금은 꽤 본인한테 어울리는 색깔과 스타일을 찾았다. 쇼핑몰에 가면 아이를 데리고 몇 바퀴를 도는 엄마들은 흔하게 볼 수 있다. 대부분이 엄마가 마음에 드는 스타일이 없어서 그런 경우가 허다하다. 사소한 본인의 옷 정도는 스스로 고르는 기회를 주자. 엄마 본인이 입을 옷도 아니지 않은가.

첫째 아이는 어린이집 다닐 때 자신감이 없는 아이였다. 좋게 표현하자면 너무 진지하고 조심스러운 성격이었고, 성격이 급한 나는 화병이 날 정도였다. 편의점에 들어가서 과자 하나를 고르는 데도 20분은 족히 넘게 걸렸으니 말이다. 과자 진열대 앞에 서서 과자봉지가 뚫어질 정도로 지켜보는 걸 보면, 왜 이렇게 선택하지 못하는 걸까 싶어 답답해서 미쳐버릴 것 같았다.

편의점 아르바이트생 보기에도 민망해서 부랴부랴 계산하고 나왔던 날이 많았다. 나는 자신감 없이 주저하는 모습이 보기 싫어, 은근히 아이를 재촉하기도 했었다.

"뭘 이렇게 과자 사는 데 시간이 오래 걸려? 종일 이러고 있을래? 왜 그래? 응?"

그럴 때면 아이는 세상 다 산 듯한 표정으로 고개를 떨궜다. 그 모습

착한 아이보다 주도적인 아이로 키우는 불량 육아

이 더 꼴 보기가 싫었었다. 눈물을 뚝뚝 흘리는 아이를 보면서 무엇이 문제인 건지 한참을 고민했었다. 결론은 아이는 문제가 없었다. 다만 아이를 기다려 주지 못하는 나의 잘못이었다.

편의점 아르바이트생은 우리를 전혀 신경 쓰지 않는데, 괜히 나 혼자 눈치를 보고 있는 거라 편하게 생각하기로 했다. 아이가 과자봉지들과 눈싸움을 벌이는 것을 아예 보지 않기로 했다. 멀찌감치 떨어져서 스마트폰으로 못다 한 인터넷 쇼핑이나 하고 유튜브를 들으면서 기다리기로 했다. 고민 끝에 골라온 과자봉지를 계산하고 나오면, 같이 먹어보자고 제안했다.

"우와~ 시우가 진지하게 골라 산 과자인데 먹어볼게. 너무 맛있다. 잘 골랐네."

맛이 정말 없는 과자일지라도 오버 액션을 하면서 아이의 선택을 존중해주었다. 그 후에도 아이는 과자 봉지와의 눈싸움을 꽤나 오랫동안 했었다. 하지만 나는 머릿속에 다른 생각을 하면서 무작정 기다려주었다. 그랬더니 언젠가부터 과자봉지와 눈싸움을 하는 시간은 조금씩 줄어들었다.

아이가 고민하고 선택하는 시간을 느긋하게 기다려주자. 우리도 결정 장애를 경험할 때가 있다. 무수히 많은 선택지 중에서 한 가지를 선택한

4장_부모의 믿음이 아이를 크게 키운다

다는 것은 굉장히 힘든 일이다. 꼬맹이가 이 힘든 일을 해냈다는 것에 맘껏 칭찬해주고 존중해주자. 이런 긍정적인 경험의 횟수가 많아진다면, 아이는 자기 자신이 내리는 결정에 대한 믿음을 가지게 된다.

회사생활을 할 때도 상사가 내가 한 일들에 대해서 칭찬을 해주면 기분이 너무 좋다. 괜히 우쭐해지면서 자신감에 어깨가 한껏 올라갈 것이다. 두 번째, 세 번째 이런 칭찬의 경험이 반복되면, 어떤 일을 하더라도 잘해나갈 수 있다는 의욕과 자신감이 생기니 더 좋은 결과를 가져오게 되어 있다.

아이가 자라서 초등학교를 입학하면, 낯선 환경과 사람들에게 적응하고 친구 관계를 형성하며 공부라는 과업을 본격적으로 하게 된다. 이때 아이에게 필요한 것은 스스로 잘해나갈 수 있다는 자신감인데, 이 자신감은 자신에 대한 믿음에서 시작된다.

'나 같은 인간이 뭘 할 수 있겠어?'

부모에게 적절한 응원과 격려와 기회를 받지 못했고 부모가 자신을 믿어준다는 믿음이 없는 아이는 부정적인 자아 인식이 자리 잡게 된다. 친구에게 거부당할까 두려워서 다가가지 못한다. 부모가 마냥 해주었던 수동적인 관계에만 길이 들여진 아이라면, 무엇이든 견뎌내는 힘이 부족할 수밖에 없다.

지금 당장은 힘들어도 스스로 이 고비를 넘길 수 있다는 믿음이 세상

착한 아이보다 주도적인 아이로 키우는 불량 육아

을 앞으로 나아가게 하는 포기하지 않는 힘이다. 이러한 힘은 벼락치기 하듯이 금방 생기는 것이 아니다. 오랫동안 잘못된 습관으로 비만이 된 사람이 한 달 만에 20킬로를 빼겠다는 심보와 같은 것이다.

아이가 어렸을 때부터 아이가 스스로 자신의 문제를 고민하고 선택할 수 있는 인생의 주인이 되는 기회를 자주 주어야 한다. 이 과정을 통해 잘할 수 있다는 자신감이 생기는 것이다. 인생의 근간이자 원동력인 주도성의 핵심은 바로 자기 자신에 대한 믿음이라는 것을 잊지 말자.

4장_부모의 믿음이 아이를 크게 키운다

2

아이는 부모가 믿는 그대로 자란다

병원에서는 환자에게 위약(placebo)을 주는 경우가 있다. 진통제나 수면제를 지나치게 요구하는 경우에 비타민과 같은 약을 거짓으로 투약하는 것이다. 신기하게도 비타민을 먹었는데도, 통증이 완화되거나 잠이 드는 경우가 많다. 그리고 암이라고 진단을 받기 전까지는 멀쩡히 지내던 사람이, 암 선고를 받고 난 후에는 급속도로 악화가 되는 경우를 흔하게 볼 수 있다.

이 두 가지 경우를 자주 접했던 나로서는 의식 저 너머에 있는 어떤 세계가 궁금했다. 말로는 설명하기 힘든 보이지 않은 어떤 힘이 삶에 큰 영향을 미치는 것은 확실하다. 어렸을 때 컴퓨터 자판 연습하던 때가 생각

착한 아이보다 주도적인 아이로 키우는 불량 육아

나는가? 자판에 머리를 파묻고 한 글자 한 글자 더듬거리며, 많은 연습을 했던 그때 말이다. 독수리 타법으로 글자를 치던 내가, 지금은 옆 사람과 이야기를 하면서도 빠른 속도로 문서 한 페이지는 금방 완성할 수 있다.

운전 같은 경우도 처음 배울 때는 시동을 켜는 것도 두근거렸는데, 지금은 굳이 의식하지 않아도 능수능란하게 운전한다. 신호가 걸렸을 때 잠시 다른 생각을 하다가도, 신호가 바뀌면 나도 모르게 출발할 때도 있다. 처음에 배우는 과정은 의식적인 행동이며 수많은 반복으로 완벽하게 학습이 되고 난 이후에는 잠재의식의 지배를 받게 된다.

잠재의식은 우리가 눈치를 채든 말든 상관없이, 이미 우리의 삶을 상당 부분 지배를 하고 있다. 그리고 이런 잠재의식을 통해서 우리의 현재 상황과 미래의 상황이 바뀌는 것이다.

이런 잠재의식의 놀라운 힘을 부모가 알고 있다면 보다 건설적이고 주도적인 아이로 키워낼 수가 있다.

아이의 모든 행동과 습관을 결정하는 잠재의식에, 긍정적이고 발전적인 씨앗들을 많이 심어주어야 하는 것이 부모가 해야 할 일이다. 그렇다면 어떤 씨앗을 심어주어야 하는 걸까? 그건 바로 아이가 자기 자신에 대해 가지는 믿음이다. 그러한 믿음은 주도적인 삶을 살아가는 데 큰 원동력이 된다. 아이가 자신을 믿게 하기 위해서는, 부모가 먼저 아이를 믿어야 한다.

"엄마는 너를 믿어."

이 짧고 굵은 한마디를 아이가 아주 어렸을 때부터 수시로 들려주는 것이 너무 중요하다.

'아기코끼리 증후군'이라는 말을 들어본 적이 있는가? 학습된 무력감에 관련한 유명한 실험이 있다. 어른 코끼리는 거대한 나무도 쉽게 뽑아 버릴 정도로 매우 힘이 강한 동물이다. 그런데 이런 코끼리가 조련사에 의해 통제를 받는다는 것이 어떻게 가능할까? 아기코끼리일 때 짧은 밧줄이나 사슬을 이용하여 말뚝에 묶어둔다.

아기코끼리는 처음에는 이 줄을 끊으려고 안간힘을 쓰지만, 스스로의 힘으로 해낼 수 없다는 경험을 반복하게 되면, 결국 포기하게 된다. 오랫동안 묶여 있었던 아기코끼리는 자라고 난 이후에 충분히 줄을 끊을 힘이 있음에도 불구하고, 벗어나려고 하는 시도조차 하지 않는다. 코끼리의 잠재의식에는 이미 자신은 아무것도 할 수 없는 무기력한 존재라는 것이 각인이 된 것이다. 이처럼 부모로부터 오랫동안 믿음을 받지 못하고 혼자서 할 수 있는 것이 없다는 무의식적인 주입을 받고 자란 아이들은, 이 코끼리와 같은 안타까운 어른이 된다.

착한 아이보다 주도적인 아이로 키우는 불량 육아

아이가 다니던 초등학교에서 1km 떨어진 아파트로 이사 와서 두어 달 잠시 살았던 적이 있었다. 집에서 도보로 가자면 넉넉히 30분은 걸리는 거리였다. 아빠가 학교에 태워준다고 하는데도, 아이는 굳이 걸어가겠다고 했다. 그때가 아홉 살이었다. 평소에도 산책하면서 자주 다니던 길이라 익숙한 길이긴 했지만, 수업도 하기 전에 지쳐 버리겠다 싶었다. 하지만 아이가 원하니 허락했다.

그렇게 아이는 등교와 하교를 하면서 학원까지 두어 군데 들렸다가 왔다. 몇 주가 지나 자신감이 붙은 아이는 학원을 마치고 어린이집에 들러 동생을 데리고 집에 오겠다고 했다. 1km의 거리를 다섯 살 동생을 어린이집에서 데리고 걸어오겠다니 염려가 되긴 했다.

"당연히 잘할 수 있지. 날 믿어봐."

믿는다고 말은 했지만, 첫날은 걱정되는 마음에 아파트와 학교 중간쯤 되는 곳 바위 뒤에 숨어서 기다리고 있었다. 지나갈 때가 되었는데 싶어, 첫째한테 전화해보니 이제 이 앞 사거리에서 신호를 기다리고 있다고 한다. 잠시 뒤 저 멀리서 동생을 나무라면서 터덜터덜 걸어오는 두 아이의 모습이 보였다. 대화 내용을 들어보니 초록색으로 신호등이 바뀌었는데 동생이 건너가지 않았던 것 같다.

신호등을 보고 길을 건널 때 지켜야 하는 수칙을 열심히 설명해주는 첫째 아이를 칭찬해주고 싶은 마음과 놀라게 하고 싶은 마음이 생겼다.

바위 뒤에 숨어 있던 나는 벌떡 하고 일어나서 과장된 액션을 보이며 활짝 웃어 보였다. 엄마를 보고 반가운 듯 달려오는 둘째와 달리 첫째의 표정은 민망할 정도로 상당히 안 좋았다.

"왜 나온 거야? 내가 데리고 간다고 했었는데. 나를 왜 안 믿어주는 거냐고?"

실망한 표정으로 눈물이 그렁그렁 맺힌 아이를 보니, 내가 큰 실수를 했다는 것을 알게 되었다. 첫째는 뒤돌아서 먼저 걸어가 버리고 나는 멋쩍게 둘째 손을 잡고 뒤를 따라 걸어갔다. 걸어가는 그 몇 분 동안 많은 생각을 했다. 집에 도착하고 난 후에 아이와 대화를 나누었다.

너를 믿지 못해서 나간 게 아니라, 동생이 어리다 보니 네가 힘들까 봐 염려되는 마음에 나간 것이라고 설명했다. 괜히 한마디를 덧붙였다. 집에 있으니까 심심하기도 하고 깜짝쇼를 해서 기쁘게 해주려고 했던 마음도 있었다고 말이다. 그날 본 아이의 모습은 너무나도 단호하고 듬직했다.

이튿날부터 아이는 1km가 되는 거리를 한 달이 넘는 시간 동안 동생을 데리고 집으로 돌아왔다. 비가 내리는 날에는 자기는 비를 맞으면서 동생한테 우산을 씌워주고, 동생이 징얼거리며 앉아 있으면 기다렸다가 본인 학원 가방도 무거울 텐데 동생 어린이집 가방까지 들고 왔다. 동생이

착한 아이보다 주도적인 아이로 키우는 불량 육아

공원에서 놀고 싶다고 하면 같이 놀면서 돌봐주기도 했다. 신호가 있는 길을 건널 때는 아주 철저하게 신호를 지키면서 동생을 야무지게 챙기기도 했다. 부모와 함께 있을 때는 어부바 해달라며 두 팔을 뻗어대던 둘째도 아주 즐겁게 그 거리를 걸어왔다. 심지어 넘어지는 일도 몇 번 있었는데 훌훌 털고 아무렇지 않게 잘 걸었다. 저렇게 씩씩한 둘째 녀석의 어리광에 지금까지 속았구나 싶었다.

첫째에게는 지금까지 말하지 않았지만, 사실 은밀하게 들키지 않는 거리에서 한동안 쭉 지켜봤다. 그러다가 아파트 가까이에 왔을 때면 부리나케 집으로 먼저 뛰어 들어가서 책을 보고 있었던 것처럼 연기했다. 나의 사랑스러운 두 아이가 부모 없이 서로를 의지하면서 걸어오는 그 모습을 내 눈과 마음에 담고 싶었다. 그때 나는 한 달 동안 멀찌감치 떨어져서 아이들을 보며, 부모란 어떤 존재여야 하는가를 많이 생각해보았다.

사람은 자신이 믿는 그대로의 사람이 된다. 오늘의 나의 모습과 환경들은, 내가 과거에 했었던 판단과 노력의 여하에 따른 결과물이다. 부정적인 결과든 긍정적인 결과든 간에, 그 결과는 오롯이 나의 책임이다.

아이 또한 자신이 믿고 있는 그 모습 그대로의 어른으로 자라게 된다. 그렇다면 아이가 자신에 대한 긍정적인 믿음이 생기기 위해서는 어떻게 해야 할까? 먼저 부모가 아이를 항상 믿어주고 응원해준다는 것을 직접

4장_부모의 믿음이 아이를 크게 키운다

보여주고 아이가 그것을 느낄 수 있게 해주어야 한다. 제발 속으로만 생각하지 말자. 아이에게 적극적으로 표현을 하자.

"엄마는 너를 믿어."

"아빠는 너를 믿어."

주도적인 아이로 키우고 싶다면 '아이는 부모가 믿는 그대로 자란다'라는 이 말을 잊지 말자.

3

부모가 바뀌어야 아이가 바뀐다

"TV가 아니면 유튜브만 보려고 하니 내가 쟤 때문에 미치겠다."

S가 본인의 아이를 향해 수시로 하는 말이다. S의 아이들은 입 주위에 간식을 하나 같이 묻힌 채 넋을 놓고 TV 화면을 보는 것이 일상이었다. 식당에 앉자마자 당연하다는 듯이 유튜브를 보기 시작한다. S는 유튜브를 보여주기 위해 패드를 외출할 때마다 챙겨서 다니기도 한다. 밥이 코로 들어가는지 입으로 들어가는지 모른 채 유튜브에 몰입하는 S의 아이들을 보니 심각했다.

그런 아이들을 보고 S는 속에서 불이 올라올 정도로 답답하다고 했다. 하지만 나의 눈에는 그 아이들보다 부모가 더 문제로 보였다. 가끔 집에 들러보면 보지도 않는 TV를 종일 틀어놓는다. TV 소리가 들리지 않으면 불안하고 뭔가 이상하다고 했다. 그리고 아이들이 TV를 보지 않으면 뭘 해야 할지 모르겠다는 S의 이야기를 진지하게 들어보았다.

이야기를 들어보면 S의 신랑도 심각했다. 퇴근하면 일단 먼저 소파에 드러눕고 TV를 보기 시작한다. TV를 보면서 동시에 게임을 하는 능력을 보여주기도 한다. 소파에 누워서 이러기 시작하면 두 시간은 기본인지라 부부싸움이 잦을 수밖에 없다. 같은 문제를 가지고 반복적으로 아이들 앞에서 부부싸움을 한다는 것이 문제였다.

TV가 유일한 즐거움이라는 S와 소파와 등이 붙어서 게임을 하면서 TV를 보는 S의 신랑, 그 광경을 지켜보는 그들의 아이들. 너무 안타까웠다. 과연 아이들에게 학원과 공부, 독서 이러한 것들을 이야기할 자격이 그들에게 있을까?

실제로 많은 집에서 흔하게 볼 수 있는 광경일지도 모른다. 물론 TV와 스마트폰을 볼 수 있다. 하지만 절제력이 필요하다는 것을 말하고 싶다. 이렇게 집에서 TV랑 게임에 많은 시간을 보내는 자신의 부모를 보며, 아이는 어떤 생각을 하며 어떤 습관을 만들어갈까? 부모의 값비싼 수입차, 고급 아파트, 품격 있는 레스토랑 이런 것들을 생활 속에서 늘 접해왔던 아이는 그러한 것들을 지극히 평범한 것이라고 느낀다. 반대의 상황도

착한 아이보다 주도적인 아이로 키우는 불량 육아

마찬가지이다. 대부분 사람은 본인이 경험한 것들을 기준으로 두고 생각하고 판단하고 행동하는 것이다. 그러므로 부모가 어떠한 일상을 아이에게 노출을 시켜주냐는 것은 아이가 평생의 습관과 생각을 만들어가는 과정에 직접적인 영향을 미친다.

"엄마나 TV 그만 보고 나한테 이야기하세요."

"아빠나 게임 그만하고 나한테 이야기하세요."

아이가 어느 날 부모에게 이렇게 이야기한다면, 무엇이라 답변을 할 것인가.

시카고 링컨공원 동물원에 고릴라 우리에서 생긴 일이다. 고릴라는 관람객들이 유리 칸막이 너머로 보여주는 스마트폰 화면에 관심을 보이기 시작했다. 관람객들은 고릴라의 눈길을 끌기 위해 계속해서 스마트폰을 통해 사진, 비디오 등을 보여줬고, 고릴라는 하루 중 많은 시간을 스마트폰 화면을 보기 위해 유리창 앞에 앉아 있는 등 점점 더 빠져들었다. 스마트폰에 지나치게 집중한 나머지 다른 고릴라들이 공격하는 것을 인지하지 못하고 멍하니 있었다는 것이다.

사람도 별반 다르지가 않다. 식당에서 아이를 조용히 시킨다는 구실로 유튜브를 틀어주는 부모는 아주 쉽게 볼 수 있다. 화면에 넋이 나간 아이는 숟가락이 오면 자동으로 입을 벌리고 맛을 음미하는지 아닌지는 모르겠지만 쩝쩝 씹기만 한다. 과연 맛과 포만감을 느끼기나 할까? 식당에서 밥을 먹는 행위와 유튜브를 보는 행위가 반드시 함께 일어나는 일이라고 각인이 되어버린다는 것은 심각한 문제이다.

나는 주말에 출근하는 날이 잦다. 아이를 보는 것보다 주말에 출근하면 얼마나 행복한지 모른다. 퇴근하지 말고 밤새 일을 하라고 해도, 즐거운 마음으로 할 수 있을 정도로 근로 의욕이 불타오른다. 이런 엄마의 마음을 모른 채 둘째는 언제 퇴근하느냐고 보고 싶다고 자주 전화한다. 최대한 늦게 집에 가고 싶은 마음을 억누르고 집에 들어갔다.

엄마가 보고 싶다고 재촉 전화를 했던 녀석이, 엄마가 들어오는 소리에도 뛰어오지 않는 것이었다. 이상한 마음에 아이 방에 들어갔다. 스마트폰을 보고 있었다. 집중을 얼마나 하고 있었는지 엄마가 자기 방문을 열고 들어오는 것도 인지하지 못했다. 심각한 것은 엄마가 왔다고 이야기해도 건성으로 대답을 하고 뚫어질 듯 화면만 보고 있는 것이 아닌가.

아이에게 30분만 보라고 허락을 해주었다지만, 그 집중하는 정도를 보니 무서울 정도였다. "나는 돈이 많아. 바닥에서부터 기어 올라왔지. 박수 따위는 필요 없어. 돈이나 나한테 던져줘. 나는 휴지 따위는 필요 없어. 돈으로 닦으면 돼. 화장실도 마찬가지라고."

요란스러운 화장을 하고 엉덩이와 가슴을 강조한 저질스러운 옷을 입은 외국 여자가 친구들과 대화하는 내용이다. 아이가 돈을 엉덩이나 닦는 휴지 따위로 인식하게끔 하는 문제가 심각한 영상물이었다.

해로운 영상은 노출이 되지 않도록 설정했는데도, 완벽하게 거르지 못하는 것이 문제이다. 이런 저질 영상물을 제작한 유튜버도 한심하기 그지없었다. 놀라운 것은 이런 채널을 구독한 사람들이 어마어마하다는 것이다. 사람은 더 강한 자극을 원하는 것이 본능이다. 그렇다 보니 유튜브를 보는 아이들은 수위가 높은 영상을 클릭하게 되는 것이 당연하다.

'팝콘 브레인'이라는 말을 들어본 적이 있는가? 스마트폰에 의존하는 행동, 인터넷 중독으로 아예 뇌 구조가 변형된 상태를 말한다. 뇌 신경 섬유가 모인 백질이 두꺼워지고 감정 조절, 의사 결정, 자기 제어 등에 어려움을 겪게 된다는 것이 연구에서 밝혀졌다. 스마트폰에 중독이 된 뇌는 팝콘처럼 즉시 튀어 오르는 강렬한 자극에만 반응한다. 이러한 뇌를 '팝콘 브레인'이라고 한다.

다른 사람의 감정에는 공감하지 못하고 느긋하게 기다리는 것을 힘들어하고 평범한 것은 거부하고 강렬한 자극만을 원한다. 스마트폰을 수시로 켜보면서 새로운 소식이 없는지 살펴보고 괜히 이리저리 연락을 해보고 메시지 알림 소리에 빠른 속도로 반응한다. 사람들과 대화하는 것보다 스마트폰의 세계에 빠져 사는 것을 더 즐겨한다. 스마트폰을 손에서 놓지 못하고 10분에 한 번씩 들여다봐야 하는 사람. SNS를 확인하지 못하면 불안하고 스마트폰이 없는 일상생활이 무기력하게 느껴진다면 '팝콘 브레인'으로 의심할 수 있다고 한다.

　스마트폰을 뚫어질 듯 보는 사람은 너무나도 쉽게 찾아볼 수 있다. 오히려 스마트폰을 안 보고 있는 사람을 찾기가 힘들 정도이다. 식당에 와서는 온 가족이 각자 스마트폰만 보고 있는 모습, 걸어 다니면서 게임을 하는 아이들, 수시로 카카오톡에 있는 지인들 프사와 인스타를 들여다보고 있는 사람, 버스와 기차를 타고 가면서 유튜브나 영화를 보는 사람. 그중 얼마나 많은 이들이 '팝콘 브레인'인지 알 수는 없지만, 스마트폰이 없었을 때는 어떻게 살았나 싶을 정도로, 많이 의존하고 사는 것만큼은 확실하다.

　나 역시도 이 똑똑한 녀석에 많이 의존하고 있다. 없어서는 안 되는 물건이긴 하지만 어떻게 활용하느냐에 따라, 이 물건에 지배를 당하느냐 내가 지배를 하느냐가 달라지는 것이다. 우리 부부는 아이들 앞에서는 스마트폰으로 쓸데없는 것을 보면서 시간 죽이는 행동은 절대 하지 않는다. 스마트폰은 정보를 찾기 위한 목적, 연락을 주고받기 위한 목적, 물건을 주문하기 위한 목적, 자기계발을 위해 유튜브를 듣는 목적 등 긍정적이고 생활에 필요한 목적으로 스마트폰을 사용한다는 것을 아이 앞에서 의도적으로 보여준다.

　칼도 위험하게 쓰면 무기가 되지만, 유용하게 쓴다면 실생활에 필요한

착한 아이보다 주도적인 아이로 키우는 불량 육아

도구가 되는 것이다. 칼이 무기가 될 수 있으니 우리는 아이에게 최대한 늦게 사용하도록 하고, 안전하게 사용해야 함을 알려준다. 그런데 왜 스마트폰은 그렇게 하지 않는 걸까? 스마트폰은 너무나도 유용하고 필수인 도구이지만, 아이들과 자기 자신을 망칠 수 있는 무기가 될 수 있다는 것도 잊지 말자.

오늘부터 당장 아무 이유 없이 틀어놓은 TV는 끄고, 사건 사고와 연예 기사 같은 나에게 득이 전혀 되지 않는 남의 이야기들을 찾아보느라 시간을 허비하지 말자. 의미 없는 인터넷 검색을 하며 다른 사람의 일상을 들여다보지도 말자. 게임이 정말 하고 싶다면 아이가 보지 않는 화장실 변기에 앉아서 잠깐만 즐기고 나오자. 그 시간을 아껴 책을 한 장이라도 보자.

부모가 아이에게 당당하기 위해서는, 스스로 부끄럽지 말아야 한다. 부모가 바뀌어야 아이가 바뀐다는 사실을 명심하자, 당신의 오늘이 바로, 긍정적이고 생산적인 인생이 되기 위해 노력하는 첫날이 되기를 바란다.

4

아이의 꿈 친구가 되어주기

우리 집의 안방에 있는 책상에 앉으면 벽면에 붙어 있는 큰 보드판이 보인다. 그 보드 판에는 내가 이루어내야 하는 목표들이 선명한 사진들과 문구들로 만들어져 붙어 있다. 베스트셀러 작가, 몸값 높은 강연가, 몸값 높은 컨설턴트, 100평 펜트하우스 매수, 크루즈 여행, 유럽 여행, 내 이름으로 된 건물 올리기, 숨만 쉬어도 월 1천만 원이 들어오는 파이프라인, 100억 이상을 가진 부자 되기, 결손 가정에 있는 가난한 아이들에게 패딩 100벌 기부하기 등이 나의 목표이다.

어렸을 때 만들어 붙여봤던 그 문구 '나는 할 수 있다'를 기억하는가? 그것과 비슷한 것이지만 한층 업그레이드된 형태인 일명 '꿈의 로드맵'이

착한 아이보다 주도적인 아이로 키우는 불량 육아

다. '꿈의 로드맵'을 본인이 자주 다니거나 주로 머무는 곳에 붙여두면 내 의지가 있건 없건 간에 늘 꿈을 잊지 않게 해주는 효과가 있다.

나는 왜 이런 꿈을 가지게 되었으며 이 꿈을 이루기 위해서 엄마는 어떻게 할 것인지 아이들과 이야기 나누는 것을 좋아한다. 둘째 아이는 펜트하우스 이사에 관심이 많다. 넓은 방에 화려한 캐노피로 꾸며진 큰 침대, 옅은 분홍의 화장대와 옷장과 책상, 금색 문양이 들어간 고급스러운 거울. 이미 아이는 상상 속에 본인의 방을 만들어두었다. 나도 펜트하우스에 어울리는 인테리어를 찾다 보면 너무 행복하다.

우리 집의 자랑거리는 시원하게 뻥 뚫린 통창이다. 그렇다 보니 사계절의 변화를 한 폭의 그림 액자에 담은 것처럼 볼 수 있다. 안방에 누워 있으면 아주 가까운 곳에 나의 꿈인 펜트하우스가 바로 보인다. 동네에 몇 개 없는 펜트하우스, 저걸 반드시 가지고 말 것이다.

"나는 도시가 싫어. 조용한 시골에 전원주택을 크게 지어서 농사를 지으며 살고 싶어. 스무 살이 되면 가서 살려구."

큰아이는 전원주택을 짓고 농사지으며 살겠다는 이야기를 자주 한다. 여행을 갈 때도 소똥 냄새, 돼지 똥 냄새가 풍기는 그런 곳, 편의점이라고는 눈 씻고도 찾을 수 없는 그런 곳을 좋아한다. 아이가 이러한 꿈을 얘기할 때 부모는 신나게 친구처럼 떠들어주어야 한다. 전원주택을 사려

4장_부모의 믿음이 아이를 크게 키운다

면 땅을 사야 하고 그 땅 위에 주택을 지어 올려야 하는데 생각하고 있는 집의 모양을 물어보았다.

생각한 지역은 양평이라고 했다. 지난 여행 때 양평에서 보았던 전원 주택이 마음에 들었다고 했다. 20세가 되어서 땅을 사고 전원주택을 지어 올리고 생계를 유지하려면 돈이 들어가는 현실적인 부분과 준비해야 하는 것들을 냉정하게 짚어주었다.

세세한 부분까지 충분히 고려하면서 명확하게 꿈을 그려야지, 우회하지 않고 정확하게 빠른 길로 갈 수 있다. 부모는 아이가 제일 먼저 만나게 되는 멘토이다. 멘토로서 아이에게 현실적인 조언을 충분히 하면서 꿈을 응원해주는 부모가 되어야 한다. 아이의 꿈은 수시로 바뀐다. 농사를 짓는다고 하다가도 내년에는 과학자 또 이후에는 선생님으로 바뀔지도 모른다. 여기서 제일 중요한 것은 아이가 어떠한 꿈을 얘기한다 해도 절대 비판하지 말아야 한다는 사실이다.

"농사는 좀 아니지 않니? 대학을 나와야지 더 훌륭한 사람이 될 수 있지 않을까?"

이러한 틀에 박힌 이야기를 부모가 하는 순간 아이의 상상력과 잠재력은 더는 자라지 못한다. 대학을 나왔냐, 고등학교를 나왔냐 이 문제가 중요한 것이 절대 아님을, 성공자들을 만나면서 나는 배웠다. 중요한 것은 학벌이 아니라, 그 사람 자체가 가진 꿈과 삶의 자세이다.

착한 아이보다 주도적인 아이로 키우는 불량 육아

"엄마 학교 다니는 것이 정말 힘들어. 나 꼭 학교 다녀야 해?"

"초등학교와 중학교는 의무교육이야. 고등학교부터는 마음대로 해도 되니, 그때까지는 싫어도 꼭 가야 하는 것이 학교라는 곳이란다."

"그럼 고등학교는 안 가도 되는 거겠네?"

"고등학교에 안 가겠다면 너 스스로가 나는 뭘 하고 살아야지, 꼭 이루 겠다는 목표와 꿈이 있고 자신감이 있다면 안 가도 되는 거지."

사람이 살아가는 인생에 정답은 없다. 사회가 만들어놓은 틀에 박힌 뻔한 인생을 사는 것만이 정답이라고 생각하고 싶지 않다. 명확한 꿈이 있고 나아가는 힘과 계획이 있는 아이라면 마음껏 응원해주자.

아이에게 꿈을 키우라고 말하는 부모인 당신의 꿈은 무엇인가? 어릴 때는 꿈을 이야기하라면 대통령부터 청소부까지 아주 다양한 꿈들이 속 사포처럼 쏟아지는데, 왜 자라면서 그 꿈은 너무나도 작아지고 희미해지 는 걸까? 먹고살기 바쁘다 보니, 어른이 되어 꿈이 뭐냐고 물어보는 사 람도 없을 것이다. 어른이 되어 꿈을 이야기하면 먹고살기 편하냐고 핀 잔을 듣고, 사차원에서 온 사람이라는 취급을 당할 것이다.

아이나 노인이나 부자나 가난한 사람이나 누구나 꿈을 꿀 수 있다. 지 금 이 책을 읽고 있는 당신도 예외가 아니다. 아이에게만 꿈을 꾸라고 하 지 말고, '꿈의 로드맵'을 만들어보자. 가슴이 두근거리는 걸 느낄 것이 다.

나는 늘 아이들에게 엄마는 작가가 되는 게 꿈이라고 입버릇처럼 말하곤 했다. 올해 봄에 원고를 쓰느라 엉덩이가 뭉개지도록 책상에 앉아 있는 시간이 많았다. 집중력이 좋은 편이라 한 번 앉으면 세 시간은 꼼짝도 하지 않았다. 심지어 화장실에 가는 시간조차 아까워서 소변을 방광에 하나 가득 모아 두었다가 뛰어가서 후딱 볼일 보고 다시 와서 작업했다. 간호사와 간호학원, 대학원까지 모든 것들을 동시다발로 하다 보니 과부하가 걸리는 날도 많았다. 하지만 나는 그 모든 일을 너무나도 사랑한다. 한 번뿐인 나의 인생인데 하고 싶은 일은 모두 해보고 죽어야지 원이 없을 것 같다.

나의 첫 책 『불안을 강함으로 바꾸는 기술』이 세상 빛을 처음 본 그 순간을 잊을 수 없다. 꿈을 이룬 날이었다. 엄마가 세상에서 최고라는 말과 함께 설렌 얼굴로 첫째는 엄지 척을 해주었다. 높은 경쟁률을 뚫고 대학원에 합격했던 날도 첫째 아이는 참으로 기뻐했다. 그렇게 나는 하나씩 꿈을 이루어가고 있으며 그 순간들을 아이들과 늘 함께했다.

나는 매일 아이들과 나의 꿈 그리고 그들의 꿈에 대해 많은 이야기를 나눈다. 내가 왜 책을 쓰려고 하는지 이 책을 언제까지 쓸 것인지, 하루에 목표로 정한 페이지는 얼마나 되는지 대학원에 가는 목적과 나의 소명 등 이러한 것들을 아이와 얘기로 나눌 때 나는 살아 있다는 것을 느낀다.

착한 아이보다 주도적인 아이로 키우는 불량 육아

나는 유튜브 채널 〈민소 언니〉를 운영하고 있다. 첫째 아이는 엄마의 유튜브를 듣더니 본인도 찍어보고 싶다고 얘기했다. 어떠한 테마로 유튜브를 운영할 것인지 구체적인 계획을 브리핑해보라고 했다. 이후에 채널을 개설하고 촬영부터 업로드까지 과외를 해주겠다고 약속도 했다. 얼마 뒤 아이는 중고 시장에서 포켓몬 빵을 판매하는 사람이랑 대화를 주고받고 약속을 잡았다. 나는 그 장소까지 태워주었고 돈과 빵을 교환하는 것까지 스스로 하도록 했다.

포켓몬 빵을 맛있게 먹는 유튜브를 찍어보겠다고 했다. 그러더니 여러 날에 걸쳐 영상을 찍어서 나에게 보여주었다. 피드백을 몇 번 받더니 꽤 능숙하게 촬영하기 시작했다. 자신감이 붙은 어느 날, 아침 일찍부터 편의점에서 달려가서 포켓몬 빵을 일등으로 가서 사 왔다. 그러더니 나의 유튜브 장비들을 가지고 가서 본격적으로 촬영했고 공개를 했다. 이렇게 아이의 꿈을 응원하고 함께해주는 엄마야말로, 최고로 멋진 엄마가 아닐까?

실패라는 것은 애초부터 없는 말일지도 모른다. 실패는 자신이 실패라고 인정을 해야만이 실패라고 말할 수 있다. 실패할 것을 미리 걱정하고 꿈을 꾸지 않는 아이가 되는 것은, 어느 부모나 원치 않을 것이다. 그렇다면 부모인 당신이 먼저 밤에만 꾸는 꿈 말고, 낮에 꾸는 꿈을 꾸는 사람이 되도록 오늘부터 노력해보자.

당신도 아이와 함께 꿈을 꾸고 꿈을 이야기하는, 꿈 친구가 되어줄 수 있다.

5

착한 부모보다 강한 부모가 되기

2017년 6월 이웃집 가족들과 캠핑을 하러 갔었다. 1박 2일 일정이었고 돌이 안 된 아기랑 나는 집에 와서 잠을 잤다. 이튿날 아침 요란한 진동 소리가 들려왔다. 아침 일찍부터 신랑이 둘째가 보고 싶은가 보다 라고 생각하고, 휴대폰을 집어 들었다. 배터리는 5%도 남지 않는 상황이었다. 전화기 너머에서 들려오는 소리는 함께 갔던 이웃집 신랑의 목소리였다. 다급한 목소리였다. 큰일이 터졌다는 직감이 왔다. 신랑이 가슴 통증이 너무 심해서 병원으로 가는 중이라고 했다.

간호사가 직업인지라 오만 가지 가능성이 머리를 꽉 채웠다. 민소매 셔츠를 걸친 채 기저귀만 차고 있는 둘째를 들쳐 안고 운전대를 잡았다.

배터리가 간당간당한 상황인지라 불안했다. 그날따라 늘 말을 듣지 않았던 자동차 충전 잭이 충전이 잘 되었고 주말 아침이라 도로도 한산했다. 지금 생각해보면 하늘이 나를 도와준 아침이었다.

카시트에 아기를 앉힐 생각도 안 하고 아기 띠를 한 채 초고속으로 달렸다. 정신을 차리자 몇 번을 마음속으로 외치고 또 외쳤다. 엄마의 긴장된 모습이 느껴졌는지 자동차만 타면 찡얼거리던 둘째 아이도 잠자코 있었다. 신랑에게 어떤 일이 벌어진다 해도, 나는 혼자서 아이 둘을 키워야 하는 사람이다. 정신줄을 놓지 말자.

그렇게 만난 신랑은 다행히 의식이 있었고, 응급 약물을 투여받고 통증은 진정이 된 상태였다. 대학병원으로 이송을 하러 가기 위해 구급차를 타고 출발했다. 구급차의 요란한 경광등 소리를 듣고도 좀체 비켜주지 않는 자동차들을 보면서 만감이 교차했다. 내가 구급차를 탈 일이 있을 거라는 생각을 해본 적이 없었다. 누구나 구급차를 탈 수 있다. 그러니 제발 구급차가 달려오는 소리가 들린다면 조금씩 옆으로 비켜주는 배려를 베풀도록 하자.

검사가 시작되었고 심근경색으로 진단받았다. 술과 담배를 하지 않고 성인군자 같았던 40세 남자가 심근경색이라니 기가 막혔다. 더군다나 하루 전 보험을 해약해 심근경색 진단비 수천만 원을 받지 못하게 되었다.

착한 아이보다 주도적인 아이로 키우는 불량 육아

사람이 간사하게도 그런 상황이 되니까, 신랑이 불쌍하다는 감정보다는, 만약 무슨 일이 있으면 나랑 두 아이는 어떻게 살아가야 하나 이런 계산이 먼저 들었다.

간호사로 일하면서 뻔한 월급에 재산은 모아놓은 것도 없고, 첫째가 이제 여섯 살이었으니 두려웠다. 더욱이 친정 가족이 없다 보니 이런 상황에서 도와달라고 전화할 어떤 곳도 없었다. 그날 내 어깨를 짓누르는 그 무게감이 상당했고 숨이 막혀왔다. 오롯이 나만의 몫이었다.

둘째 아이가 울기 시작했다. 아침부터 젖을 못 먹었으니 배가 고팠나 보다. 스트레스를 받아서 젖은 한 방울도 나오지 않았다. 먹은 것도 없으니 더했다. 편의점에 가서 손에 잡히는 대로 입에 밀어 넣었다. 어떻게든 젖을 만들어야 하지 않겠는가. 눈물이 아이의 머리에 뚝뚝 떨어지는데, 내가 강한 엄마가 될 수 있을까 두려웠다.

아빠가 쓰러진 것도 모르고 친구랑 재미나게 놀고 있을 첫째를 생각하니 가슴이 미어졌다. 혹시 아빠의 고통스러워하는 모습을 본 것은 아닐까? 오만 가지 생각이 들었다.

'나는 지금 무엇을 할 수 있을까?'

'나는 지금 무엇을 해야만 하는 걸까?'

오로지 이 두 가지 생각만 했다. 나를 도와줄 사람은 세상 어디에도 없다는 것은 변하지 않는다. 그렇다면 내가 해야 하는 것은 두 아이를 어떤

4장_부모의 믿음이 아이를 크게 키운다

순간이 와도 지켜야 하니 정신 줄을 잡고 있어야 했다. 감정을 하나도 섞지 말고 오로지 이성적인 상황 판단을 하는 것이다. 감정이 들어가게 되면 사태는 더 악화가 된다.

감정을 빼기 위해 '지금 응급실에 누워 있는 저 사람은 내 남편이 아니라, 환자이다.'라고 생각하려 노력했다. 당장 3분 후의 일도 예측하지 못하는데, 미리 걱정하며 떨고 있는 것은 부질없는 행동이다.

나는 출근하기 위해 아침 일찍 집에서 나와야 했었다. 매일 출근 전 루틴이 신랑이 숨을 쉬는지 확인하는 것이었다. 근무 중에 신랑의 전화번호가 뜨면 가슴이 쿵 하고 떨어지는 기분이 들었다. 아이 둘의 등원을 신랑이 담당했다. 그렇다 보니 두 아이 앞에서 혹시라도 쓰러지지 않을까 늘 조마조마했다. 스마트폰을 손에서 놓지 못하고 불안하게 오전 시간을 보내는 날이 많았다.

심근경색이 있는 사람이다 보니 장거리 여행은 한동안 가지 못했다. 행여나 하는 생각에 비행기와 배를 타는 일은 절대 피했다. 다행히 신랑은 그날 이후에 5년 동안 재발 없이 꾸준하게 약 먹고 건강관리를 하면서 잘 살아가고 있다.

그 사건이 나의 인생의 큰 전환점이 되었다. 돈이 없으니까 그 사건이 나에게는 더 크게 느껴지는 것이다. 만약 내가 돈이 많았더라면 어땠을

착한 아이보다 주도적인 아이로 키우는 불량 육아

까? 불행한 일이 닥치더라도 나 혼자 아이 둘을 키워가는 데 느끼는 부담감은 훨씬 덜할 것이다. 심장에 좋다는 영양제는 금액 신경 안 쓰고 신랑한테 사다 주었을 것이다. 불안하게 신랑이랑 아이 둘을 집에 남겨둔 채, 출근할 필요도 없었을 것이다. 돈을 주고 청소하는 사람, 아이 돌보아주는 사람을 고용해서 우리 부부 둘 다 쉬는 시간을 가졌을 것이다.

아무리 멘탈이 강한 사람이라 할지라도, 지금 당장 생계를 위협당하는 상황이라면 멘탈이 무너질 수밖에 없다. 어린 두 아이까지 있는 경우라면 더욱 그러하다. 돈이 없으니까 몇 배는 더 고통스러웠다.

강한 부모가 되자 결심했다. 어떤 일이 닥치더라도 나의 것들을 지켜낼 힘을 가진 사람 말이다. 나의 것이라는 것은 나 자신, 나의 재산, 나의 가치, 나의 가족, 모든 것들을 말한다. 부동산 공부를 시작했다. 관련 유튜브와 책을 꾸준하게 보고 들었다. 출퇴근하는 자동차 안, 변기에 앉아 있을 때, 멍하니 있을 때 유튜브를 중독된 것처럼 틀어놓았다.

자투리 시간을 최대한 끌어보아서 자기계발에 투자했다. 유료 강의도 들으면서 한 걸음 한 걸음씩 앞으로 나아갔다. 단시간에 이루어지지 않는다. 시간과 싸움이다. 나는 성격이 굉장히 급한 사람임에도 불구하고, 시간과 싸움에서 지금까지 진 적은 없다. 내가 시간을 지배하고 인내해야 한다.

4장_부모의 믿음이 아이를 크게 키운다

돈을 좋아하면 속물이라고 생각하는가? 그렇다면 당신은 유감스럽게도 부자가 될 확률이 희박하다. 돈에 대한 욕망에 솔직해야 하고 돈을 좋아하고 더 갖길 원해야 한다. 돈이 없이 세상에 할 수 있는 것이 과연 얼마나 될까? 아이랑 집에 함께 있을 때도 아파트 관리비, 전기세, 수도세, 아파트 대출금 등 돈이 빠져나가고 있다. 그야말로 숨만 쉬어도 돈이 든다.

우리 생활에 너무나도 필수적인 돈. 바로 돈이 있어야 강한 사람이 될 수 있다. 부정할 수 없는 현실이다. 부동산과 주식을 하면서 많은 돈을 잃어보았으며 벌어도 봤다. 현재는 주식이 엄청난 하락을 하면서 돈이 묶여버린 상황이기도 하다. 하지만 이 또한 배우는 과정이다. 인생은 도전하고 실패하고 성공하는 과정의 끝없는 반복이다.

돈과 멘탈은 뗄 수 없는 사이이다. 강한 부모는 이러한 것들을 가지고 있는 사람이다. 강한 부모 밑에 자라는 아이가 강한 아이로 자랄 수 있는 것이다. 아이는 부모를 보고 그대로 배워나가기 때문이다. 오늘 당장 배우자가 사라진다면, 남은 아이들과 앞으로 어떻게 살아갈 것인가를 한 번쯤 생각해보자. 누구에게나 있을 수 있는 일이다. 나도 내가 이런 일을 겪게 될 줄 몰랐다.

착한 아이보다 주도적인 아이로 키우는 불량 육아

착하기만 한 부모는 아이를 지켜낼 수 없다. 강한 부모만이 풍파를 맞더라도 내 아이를 지켜낼 수 있다. 자신이 어떤 부모인지 생각해보는 하루가 되었으면 한다. 오늘부터 조금씩 강한 부모가 되는 준비를 해보는 것이 어떨까?

6

생각의 그릇이 큰 아이가 주도적인 사람으로 자란다

논술과 토론, 독서를 주제로 하는 학원이 요즘 인기이다. 부모라면 한 번쯤 들어왔을 하브루타 대화를 전문적으로 가르치는 학원도 최근에 우리 동네에 생겼다. 그만큼 사고력을 키우고 토론에 능숙한 아이로 키우고 싶은 부모의 마음이 그대로 반영된 것이다. 성공하기 위해서는 머리만 똑똑해서 될 일이 아니다. 내가 가진 생각을 논리적으로 상대방을 설득할 힘, 사람들 앞에서 떨지 않고 야무지게 발표하는 능력을 갖추는 것이 중요하다.

많은 성공한 사람들은 이 두 가지 면목을 갖춘 이들이다. 일방적인 주입식 교육으로 진행되는 학원에 아이를 등록할 엄마들은 없을 것이다.

예전에 학원 수업 방식은 여러 명을 모아 두고 개인차는 무시하고 선생님 혼자 열심히 설명하는 방식이었다. 그렇다 보니 따라가는 아이만 열심히 하고, 그렇지 않은 아이들의 부모는 열심히 학원에 기부만 한 것이다.

요즘은 왕래식 수업, 소규모 수업이 대세이다. 4명이 같은 클래스에서 수업을 듣는다고 해도 개인별 코칭을 한다. 수학 문제를 풀이하는 과정을 발표를 시키기도 한다. 나 혼자 단순히 문제를 풀고 답을 알아내는 것은 제대로 된 학습이 아니다. 내가 알고 있는 것을 다른 사람에게 설명하는 과정에서 나 스스로 개념을 제대로 잡을 수 있고 부족한 점을 파악할 수 있다.

실제 4학년인 우리 아이의 수학 문제집을 보면 대부분이 사고력이 필요한 문제들이다. 이게 무슨 말인지 이해가 안 가 몇 번을 반복해서 읽어야만 하는 수준의 문제도 있다. 답이 나오기까지는 여러 가지 접근 방식이 있다. 옛날 수학 문제 풀이 방식으로 집에서 아이를 가르치면 '수포자' 만들기에 딱 좋다. 그러니 엄마가 집에서 수학을 가르칠 생각은 하지 말자.

아이가 태어나면 한 우주가 태어나는 것과 같다는 말이 있다. 그만큼 아이라는 존재는 무한한 잠재력과 상상력을 갖춘 굉장한 존재이다. 아이

4장_부모의 믿음이 아이를 크게 키운다

가 말문이 트이면 그때부터 부모에게 많은 질문을 던져올 것이다. 귀찮을 정도로 엄마의 상황을 파악하지 못하고 집요하게 물어오기도 한다. 어른의 눈에서는 전혀 궁금하지 않고 당연한 것들이지만, 아이한테는 처음 접하는 미지의 대상인 것이다. 이런 질문에 얼마나 부모가 답을 해주냐에 따라 생각 그릇의 크기가 달라지는 것이다.

아이가 원하는 답은 "응", "아니" 정도의 단답형이 아니다. 최대한 아이의 눈높이에 맞추어서 자세하게 설명을 해주는 것이 중요하다. 부모의 무관심한 듯한 성의 없는 모습과 답변들이 반복되면 아이의 질문은 서서히 없어질 것이다. 편해졌다고 좋아할 일이 아니다. 아이의 생각 그릇이 대접에서 간장 종지 크기로 작아지는 중이다.

"별에는 누가 사는 거야?"

"시아는 누가 사는 것 같아?"

"토끼가 살고 있나?"

"우리가 사는 지구도 별이야. 토끼도 당연히 살 수 있지. 하늘에 있는 많고 많은 저 별에도 우리처럼 누가 살고 있지 않을까?"

"외계인?"

"그렇지. 우리는 외계인이라고 부르기도 하지. 저 별에 사는 누군가는 우리를 보고 외계인이라고 부르겠지. 세상에는 우리 눈에 보이지 않는 세계가 엄청 많아. 보이는 것이 다가 아니야."

"아하! 그렇구나."

부모가 아이랑 풍부한 대화를 하기 위해서는, 부모가 책이나 영화, 양질의 유튜브를 통해 많은 것들을 습득해야 한다. 뭘 알아야 대화를 할 것이 아닌가. 그래야 아이의 질문에도 당황하지 않고 설명할 수 있다. 나 같은 경우는 책을 많이 읽는 편이고, 아이가 보는 과학을 주제로 하는 만화책을 즐겨 본다. 아이의 질문에 당황하는 부모는, 아마도 뭐라고 대답을 해야 할지 몰라서 그럴 것이다. 아이는 정확한 답변을 바라는 것이 아니다. 그러니 아이와의 대화에 부담을 느끼지 말아야 한다.

아이에게 반대로 너는 어떻게 생각하냐는 질문을 먼저 해보자. 그러면서 아이가 하는 말들을 힌트 삼아 머릿속에 재빨리 최대한 상상력을 쥐어 짜내서 그럴싸하게 조합을 잘하면 된다. 아이가 평소에 좋아하는 주제를 부모라면 알 것이다. 오늘부터라도 그 주제와 관련된 것들을 가벼운 마음으로 공부를 해서 대화거리를 만들자.

아이가 서너 살이 되면 엄마들은 한글 전집과 수학 전집을 많이 준비한다. 나 또한 반드시 봐야 한다고 알려진 전집을 구매했던 경험이 있다. 개인적인 경험에 비추어보자면, 이러한 책들을 잘못 활용하게 되면 낭패를 보기 쉽다. 동화책의 그림을 보면서 마음껏 상상해야 하는데, 이러한 전집을 접하는 순간 아이는 혼란스러워지기 때문이다.

클로버를 맛있게 먹고 있는 토끼 그림을 보고 싶은 아이에게, 부모는 클로버가 몇 개인지 세어 보라고 한다. 클로버의 숫자를 세고 나면 아이에게 '토끼' 단어를 크게 읽어보라고 한다. 멀뚱히 보고 있는 아이에게 '토끼'라고 적힌 낱말 카드를 들고 어떻게든 한 번이라도 더 보여주려고 노력한다.

글자가 없고 그림으로만 구성된 책을 본 적이 있을 것이다. 상상력을 키우기 위해서 가장 좋은 책이 이런 그림책이다. 부모들이 제일 난감해하는 책이기도 하다. 하지만 글자를 모르는 아이들은 그림만 보고도 종알종알 이야기를 잘한다. 그만큼 어른은 상상력이 메말랐다는 것이다. 아이는 한글을 반강제적으로 알아가는 과정에서, 상상력이 빠른 속도로 사라져버린다. 글자에만 자꾸 집중하게 부모가 만들기 때문이다.

"이 글자 어디서 많이 보지 않았어? 뭐였지?"

이런 경험이 거듭된다면 아이는 책을 본다는 것을 스트레스로 받아들이게 된다. 당연히 아이는 책에 대한 거부감이 생길 수밖에 없다. 자연스럽고 편한 장난감처럼 부담 없이 친해져야 하는 것이 책이다. 그것이 책 잘 보는 아이의 시작점이다.

귀찮을 정도로 질문하던 아이가 어느 순간부터 유튜브나 보고 있고 책은 거들떠보지 않는다면 부모의 탓이다. 가나다라 한글을 한두 해 늦게 터득한다고 해서 아이에게 문제가 되는 것은 없다. 평소에 엄마가 책을

착한 아이보다 주도적인 아이로 키우는 불량 육아

꾸준하게 읽어주고 봐왔던 아이는 때가 되면 그림만 보던 눈이 글자로 자연스럽게 넘어가는 때가 온다. 부모의 강압에 의해서가 아니라 자발적으로 글자에 호기심을 가지게 되는 때가 온다는 말이다.

"이건 뭐라고 읽는 거야?"

이런 질문을 해올 때 글자에 대해 조금씩 알려주기 시작하면 된다. 자발적인 호기심으로 한글 공부를 시작하는 아이는 습득하는 속도도 빠르다. 그러니 조바심을 느끼지 말자. 아이에게 적당한 때라는 것은 아이마다 다른 것이다.

생각의 그릇이 큰 아이는 대화를 할 때도 거침이 없고 다른 사람에 대한 이해심도 뛰어나다. 나와 생각이 다른 주장에 대해 비판하는 능력이 있다. 나와 다른 생각이 틀린 것이 아니라 다르다는 것을 안다. 이런 것들을 키우기 위해서 아이들은 일찍부터 책과 여행, 부모의 이야기를 통해 많은 것들을 직간접적으로 익혀야 한다. 부모라면 그 기회를 아이에게 당연히 주어야 한다.

요즘에는 아이가 한둘인 집이 많고 조부모와 같이 사는 경우도 드물다. 그래서 타인과 부딪히면서 조율하고 협력하고 몸소 배우는 기회가 이전보다 많이 줄어들었다. 사람은 사람을 통해 배우고 익히고 생각을 하게 된다. 직접적인 경험은 못 해도 우리는 책을 통해 많은 것들을 간접

4장_부모의 믿음이 아이를 크게 키운다

적으로 경험할 수 있다. 지구 저 반대편에 사는 사람들의 삶까지도 말이다. 시간도 수백 년 거슬러 올라갈 수 있고 수백 년 앞으로도 가볼 수 있다.

생각의 그릇이 큰 아이가 주도적인 아이로 자라는 것이고, 주도적인 아이가 리더가 된다. 오늘부터라도 아이와 함께 책도 좋고 영화도 좋으니 함께 앉아서 같이 이야기를 도란도란 나누어보자. 세 살배기 아이더라도 충분히 가능한 일이다. 아이가 이해를 못 한다고 생각하는 부모가 있다면 생각을 바꾸어야 한다. 아이에게 다양한 이야기를 들려주고, 또 들어주는 부모의 모습과 눈빛을 보면서 아이는 더 크게 상상하는 힘을 키우게 된다는 것을 잊지 말자.

착한 아이보다 주도적인 아이로 키우는 불량 육아

7

주도적인 아이를 위한 부모의 말버릇

우리가 무의식적으로 내뱉는 말버릇을 보면 그 사람의 인격과 습관을 대충이나마 가늠할 수 있다. 누군가를 사귈 때 외적인 모습도 물론 중요하지만, 언행을 보면 가까이 지낼 사람인지 아닌지 판가름이 난다. 나 역시 말을 함부로 하는 사람은 절대 가까이 두지 않는다. 점잖은 척, 고상한 척 아무리 연기를 하더라도, 무심코 내뱉는 말버릇은 숨길 수가 없다. 실제 인격이 나쁜 사람은 아닌데, 나쁜 말버릇 때문에 오해를 받는 사람이 있다.

그러므로 나쁜 말버릇이 습관이 된 사람들이 부모가 되었다면 꼭 고치도록 노력해야 한다. 아이를 키우다 보면 육체와 정신이 갈기갈기 뜯기는 기분이 드는 날이 많다. 힘들어 죽겠다는 말은 나 또한 하지 말아야지 하면서도 무심코 아이들 앞에서 내뱉을 때가 있다. 그러지 말아야지 하면서도 막상 그 상황이 닥치면 머리에서 한 번 거를 틈도 없이 입 밖으로 툭 하고 내뱉어버린다.

부모가 습관적으로 뱉는 나쁜 말버릇은, 부모 자신을 부정적인 사고의 틀 속에 가두어버린다. 그리고 그 말을 꾸준히 듣게 되는 아이들은 부정적인 감정에 그대로 노출이 되고 전염이 된다. 부모라면 사회생활을 하면서도 절대 습관이 되면 안 되는 말버릇이 있다.

"아이씨."

"짜증 나서 죽겠네."

간호사 후배 중에서 유달리 이 말을 자주 쓰는 사람이 있었다. 일 처리를 야무지게 하는 사람인데, 조금이라도 일이 꼬인다고 생각이 들면 이 말을 아무렇지 않게 뱉어댔다. '아이씨'라는 말 뒤에 뭐라도 하나 더 붙을까 은근 내가 조마조마할 때가 있었다. 그만큼 이 말은 얼핏 들으면 욕설에 가까운 말이다. 이 말을 쓰는 아이들은 주위에서 아주 쉽게 찾아볼 수 있다. 스스로 자기 자신에게 일을 제대로 처리하지 못하는 멍청이 혹은 답답이라고, 주문을 외는 무서운 말과 같다.

착한 아이보다 주도적인 아이로 키우는 불량 육아

"안 된다고 생각하니 안 되는 거야."

내가 아이들에게 습관적으로 이야기하는 말이다. 세상에 못 하는 것은 없다. 본인이 안 하는 것뿐이다. 무조건 된다는 무대뽀 믿음을 가지라는 말이 아니다. 처음부터 안 된다고 스스로 한계를 짓지 말라는 말이다. 한 번 해보겠다는 생각으로 덤벼 들어보는 것이다. 인생은 시행착오의 연속이다. 그 실패가 두려워서 시도조차 하지 않는 겁쟁이 인생을 아이가 사는 것을 바라지는 않을 것이다.

며칠 전 수학학원 숙제가 산더미처럼 쌓여 있다고 입이 나온 첫째 아이한테 이야기했다.

"네가 못 한다고 생각하면 못 하는 거야. 일단 군말 말고 연필을 들고 시작을 해. 네가 하다 하다 도저히 안 풀리는 게 있겠지. 그럼 그 문제는 그냥 틀려버려. 최선을 다하면 되는 거야. 간단하게 생각해."

K는 굉장히 돈에 대해 안 좋은 습관이 있었다.

"돈 없어. 어디 돈 나올 데 없나."

입만 열면 돈, 돈, 돈이었다. 만날 때마다 돈 이야기를 하니 내가 노이로제가 걸릴 정도였다. 그렇게 돈이 필요하면 30대 젊은 나이에 일을 시작하라고 하니 그것도 싫다고 한다. 마냥 신랑이 벌어다 주는 돈으로 먹고사는 게 꿈이라고 했다. 솔직히 신랑이 불쌍하게 느껴질 정도였다. 다른 사람들 앞에서 이렇게 돈 이야기를 거침없이 할 정도면, 집에서 오죽하겠나 싶었다.

　그러한 습관은 아이 앞에서도 그대로 드러났다. 편의점에 가서 아이가 과자 한 봉지를 사달라고 하는데 엄마는 돈이 없다고 큰 소리로 이야기 하는데 내가 다 민망했다. 결국은 사줄 과자인데 기분 좋게 사주면 안 될까? K는 엄마들끼리 모여서 커피나 식사를 함께 먹을 때, 단 한 번 지갑을 연 적이 없었다. 주위 엄마들을 호구로 본다고밖에 생각이 들지 않았다. 결국은 거리를 두었지만 말이다.

　"언니들 나는 돈이 없어. 잘 먹을게."

　돈이 없다는 말을 습관적으로 뱉으면서 한 푼 두 푼 아끼고 쿠폰에 지나치게 집착을 하는 그런 것은 가난한 마인드이다. 뻔한 월급에 분수에 맞지 않는 명품을 사 모으고 해외여행을 밥 먹듯이 다니는 사람이 아니라면, 사는 것은 다 비슷비슷하다. 남들 다 보내는 학원, 남들 먹는 정도의 외식, 남들 다 가는 정도의 국내 여행 그 정도인데 아껴봤자 얼마나 아낄 수 있을 것인가?

　나도 첫째 학원비만 해도 매달 100만 원가량이 지출된다. 둘째가 초등학교 들어가서 발레, 바이올린, 피아노 중 하나랑 국, 영, 수 공부까지 한다면 학원비가 대체 얼마냐며 계산기를 두드려보기도 했었다. 이런 돈은 어떻게 아낄 수가 없는 돈이다. 마이너스 통장에 손을 대지 않고서는 먹고살기가 힘들다는 말은 아이가 커갈수록 더욱 실감이 된다.

착한 아이보다 주도적인 아이로 키우는 불량 육아

우리는 지출을 도저히 줄일 수가 없다는 것을 안다. 그렇다면 방법은 한 가지이다. 어떻게 하면 더 벌 것인가. 여기에 집중해야 한다. 부모가 충분히 시간을 쪼개고 그만큼 투잡, 쓰리잡 혹은 투자 공부를 해서 먹고 살 궁리를 해야 하는 게 맞지 않을까? 굳이 자식에게 부모가 돈이 없다는 것을 왜 아이에게 버릇처럼 내뱉는 걸까?

사람은 생각하는 대로, 말하는 대로 미래가 그려진다. 본인이 돈 없다는 이런 말을 입에 달고 산다면 평생 그 처지에서 벗어날 수 없게 된다. 그렇다면 돈 없다는 말을 어렸을 때 매일매일 듣고 사는 아이는 어떻게 자라게 될까? 우리 집은 가난한 집안이고 우리 부모는 가난한 사람들이고, 이러한 처지에서 난 벗어날 수가 없는 거구나. 고로 나도 가난한 어른이 되는구나. 가난한 사고방식이 뼛속까지 깊게 새겨져버린다. 그래서 가난이 계속 대물림이 되는 것이다.

나는 단 한 번도 아이 앞에서 돈이 없다고 말한 적이 없었다. 어느 날은 수영장이 있는 호텔에서 숙박한 적이 있었다. 호텔 투숙객만 이용하다 보니 편했다. 신나게 놀고 호텔에 있는 식당에서 저녁을 해결했다. 기분 좋으리만큼 깔끔하고 빳빳하게 펼쳐진 호텔 침대 위에 누웠다. 첫째 아이에게 이런 이야기를 들려주었다.

"돈이란 것은 너무 좋은 거지? 돈이 없으면 그 돈에 맞추어서 잠을 자야 하고 식당을 골라야 하고 식당에 가서도 메뉴보다는 돈을 먼저 보게

4장_부모의 믿음이 아이를 크게 키운다

되는 거야."

"돈이 없어도 살 수가 있잖아."

"나중에 네가 어른이 되었어. 여자 친구랑 여행을 갔는데 이런 호텔에서 자고 싶니? 아니면 다 무너져가는 싸구려 모텔에서 자고 싶니?"

"호텔이지. 돈이 있어야 하는 거구나."

지금 당장 돈이 없는 것은 상관없지만, 앞으로도 가난하게 살 거라는 생각을 하는 사람과는 상종도 하지 말아야 한다. 나는 이런 생각을 늘 아이들에게 말로서 행동으로서 보여준다. 돈에 대한 긍정적인 생각 그리고 긍정적인 말버릇은 부모이기 전에 한 인간으로서의 인생에서 너무 중요한 부분이다.

"네가 뭘 안다고 그래."

아이가 부모가 하는 말에 끼어들면서 이야기할 때 많은 부모가 하는 말이다. 아이는 본인 나름대로 그 상황에 대해 생각을 이야기하는 것이다. 부모의 눈에는 말도 안 되는 이야기로 들릴지 모르겠지만, 아이는 나름 진지하게 고민을 했을 것이다.

우리가 누군가에게 열심히 내 의견을 피력했는데 상대방이 당신이 뭘 아느냐고 핀잔을 준다면 기분이 어떠한가? 생각만 해도 얼굴이 벌겋게 달아오르고 분노가 치밀어오를 것이다. 아이도 마찬가지이다. 아이는 그

착한 아이보다 주도적인 아이로 키우는 불량 육아

런 감정을 느끼지 않을 것 같은가? 어른과 감정을 똑같이 느낀다. 다만 그 표현이 서툴 뿐이다. 아이는 아이의 생각 그릇에 맞추어서 생각하고 표현을 하는 존재이다.

이런 무시하는 발언을 습관적으로 아이에게 하는 부모라면, 절대 조심해야 한다. 무시를 습관적으로 받으면서 자라는 아이는 자존감이 바닥이다. 다른 사람들에게 자신 있게 말하는 엄두를 못 낸다. 거부당할 거라는 생각이 이미 무의식에 자리를 잡아버린 것이다. 수동적인 사람이 되면 스스로 생각하고 판단하는 것을 하지 못하게 된다.

주도적인 아이가 되기 위해서는 스스로에 대한 자신감과 다른 사람의 의견을 비판적으로 수용하는 힘을 가지고 있어야 한다. 이러한 부분은 부모가 일찌감치 직접 보여주며 키워주어야 한다.

"너는 그렇게 생각하는구나. 그렇게 생각할 수도 있겠다."

부모의 긍정적이고 좋은 말버릇을 꾸준하게 접해온 아이들은, 초등학교에 입학하고 나서 나쁜 언행을 가진 아이를 만나게 되더라도 쉽게 흔들리지 않는다. 그래서 습관이라는 것이 무서운 것이다. 한번 몸에 물들여진 습관은 쉽게 버리기가 힘들다. 아이가 어렸을 때부터 좋은 말버릇과 습관을 몸에 물들일 수 있도록, 부모가 노력하는 것을 잊지 말자.

8

똑똑한 엄마는 소통 방식이 다르다

어느 날 아이와 함께 크런키 초콜릿과 가나 초콜릿, 음료수를 사서 편의점 앞에 털썩 주저앉아서 이야기를 나누었다. 나는 다른 사람에게 피해를 주지 않는다면 계단, 길거리, 바위 위 어디든 상관없이 주저앉는다. 굳이 벤치에 앉아야 한다는 생각을 하지 않는다. 그렇게 나는 어디서든 편하게 아이들과 이야기하면서 시간을 보내는 것을 즐겨 한다.

"엄마는 크런키 초콜릿이 좋아?"

"예전에 엄마가 어떤 남자랑 사귀고 싶어서 크런키를 사서 건네준 적이 있었지. '나랑 사귈래요?'라고 이야기했지. 엄마가 꽤 귀여웠거든."

"그래서 그 남자가 뭐라고 했는데?"

착한 아이보다 주도적인 아이로 키우는 불량 육아

"당연히 좋다고 했지. 그래서 그날이 첫날이었어. 너도 예쁜 애 사귀고 싶으면 빈손으로 작업 들어가면 안 넘어와. 알았지? 이 크런키를 볼 때마다 그 남자친구가 생각이 나네. 그래서 먹는 거야."

난 아이랑 친구처럼 이야기를 나눌 때가 많다. 어른으로서 해야 할 말과 피해야 할 말의 그 기준들은 너무 고리타분한 것 같다. 욕이나 비속어가 아니라면 써도 되는 말인지 아닌지 깊은 고민을 하지 않는다. 요즘 아이들이 쓰는 말은 나도 대화하면서 같이 섞기도 한다. 아이와 대화할 때 도덕적이고 지혜와 품격이 가득하고 어른스러운 말만 해야 한다는 고정관념을 가진 사람들이 꽤 많다.

그렇다 보니 아이는 자라면서 부모와의 대화를 불편하게 생각하고 거리를 두게 되는 것이다. 사사건건 지적하고 본인의 말이 세상에서 가장 진리인 것처럼 얘기하는 시어머니를 보면 며느리로서 느끼는 감정이 어떠한가? 당장 그 자리를 벗어나고 싶은 생각만 가득할 것이다. 그렇다. 아이도 비슷한 감정을 느끼게 된다.

첫째 아이는 4학년 남자아이인데 조잘조잘 엄마와 대화하는 것을 너무 좋아한다. 이런 아이도 사춘기가 되면 문을 틀어 잠그고 부모와 대화를 거부하는 아이가 될 거라고 주위에서는 이야기한다. 하지만 나는 그 말에 공감하지 않는다. 사춘기가 오기 전에 부모와 자식 사이에 그동안 대

4장_부모의 믿음이 아이를 크게 키운다

화 방식이 어떠했느냐에 따라 다르다고 생각한다.

사춘기에 흔들리는 아이를 바로잡아줄 수 있는 든든한 존재가 되고 싶은 건 어느 부모나 똑같은 마음일 것이다. 그렇다면 아이가 어렸을 때부터 부모와 허심탄회하게 소통하는 사이가 되어야지 가능한 일이다. 소통이 잘된다는 것은 서로가 막히지 않고 대화가 술술 잘 통한다는 뜻이다. 아이와의 소통은 너무 중요하다.

그렇다면 소통을 잘하려면 무엇이 필요할까? 아이의 이야기를 잘 들어주는 귀, 아이의 이야기에 내가 적절하게 대답해줄 수 있는 이야깃거리가 필요하다. 버려야 할 것은 '내가 어른인데'라는 지나친 권위의식이다. 이런 사람을 우리는 '꼰대'라고 부른다. 주변에서 아주 쉽게 볼 수 있는 '꼰대'들을 보면 공통점이 자기 말만 하고 상대방 이야기는 귓등으로도 안 듣고 나이가 어리다고 하면 무시부터 하는 것이다. '꼰대'처럼 굴지 않으면 된다.

우리 집 첫째 아이도 가끔 은어와 비속어가 입에서 툭툭 튀어나오는 경우가 있다. 그런 말은 될 수 있다면 쓰지 않았으면 하는 마음이 나도 부모인데 당연히 있다. 하지만 쓰지 말라고 직접 지적하지 않는다.

"우와~ 우리 시우가 그런 말을 쓰다니. 많이 컸나 보네. 근데 그게 무슨 말이야?"

착한 아이보다 주도적인 아이로 키우는 불량 육아

부모가 간접적으로 짚어주는 것만으로도 아이는 말귀를 충분히 알아먹는다.

얼마 전에 첫째 아이가 성교육을 듣고 와서 나한테 물어왔다. 임신이 어떻게 되냐고 말이다. 아이가 어느 정도는 알고 있지만, 엄마의 입을 통해서 확인을 받으려는 느낌이 들었다.

"너 머릿속에 있는 그게 정답이야. 뽀뽀하면 아기가 생긴다는 말을 듣고 싶은 거 아니지?"

아이는 쑥스러운 듯 웃으며 얼굴이 벌겋게 달아올라서, 머리를 긁적이며 방에 들어갔다. 나의 대화 기술의 장점이라면 유머를 적절히 사용할 줄 안다는 것이다. 이런 기술은 사회생활을 할 때도 윤활유 같은 역할을 한다. 유머를 적절히 사용할 줄 알면 진지한 대화도 부드럽고 부담 없이 풀어갈 수 있다. 조용한 성격을 가진 사람이 밝고 재미있는 성격으로 바꾸기는 너무 힘든 일이다. 굳이 그럴 필요도 없다. 다만 아이가 진지한 이야기를 물어올 때는 부모가 지나치게 진지할 필요도 없고, 당황해서 버벅거리는 모습을 보이지 말라는 말을 하고 싶다.

아이와 깊이 있는 이야기를 나누려면 엄마가 책을 읽고 뉴스 혹은 양질의 유튜브를 보는 건 선택이 아니라 필수이다. 이런 것들을 통해 얻는 간접적인 경험은 고퀄리티이다. 이러한 경험을 꾸준히 습득한 사람은 사고하는 패턴과 대화하는 능력이 남다를 수밖에 없다. 누군가와 대화할 때 이야깃거리가 없어서 뻘쭘해본 경험이 누구나 있을 것이다.

부모 자식 사이도 똑같다. 공짜와도 가까운 이런 훌륭한 정보들이 찾아보면 넘치고 넘친다. 아이의 질문에 엄마가 어느 책에서 어떤 내용을 읽었고, 엄마는 이 내용에 대해 이렇게 생각을 하는데 너는 어떻게 생각을 하는지 물어보는 이런 대화의 흐름으로 간다면 너무 훌륭하다. 어떤 정보를 여과 없이 그대로 받아들이지 말고 본인의 의견을 첨부해서 비판적으로 말해보자. 이런 의사소통 능력은 아이의 사고의 그릇을 크게 만들 수 있는 너무나도 좋은 방법이다.

그렇다면 아이의 질문에 답변하기 힘든 경우는 어떻게 할까? 그냥 모른다고 말하면 된다. 함께 인터넷을 검색하면서 함께 알아가는 것이다. 네모 창에 검색만 하면 3초도 안 되어 정보들이 눈앞에 차고 넘친다. 아이가 궁금해하는 것은 즉각적으로 그 자리에서 충족을 시켜주는 것이 중요하다. 이때 중요한 것은 엄마도 모르니까 같이 찾아보고 같이 공부하려는 부모의 모습이다. 절대 아이에게 혼자 찾아보라고 툭 던지듯이 이야기하지 말자.

그리고 가장 최악의 부모의 말을 꼽자면 "아빠한테 물어봐." 혹은 "엄마한테 물어봐."이다. 정말 심각한 대답이다. 모르면 공부해야지, 모르는 것이 부끄러운 것은 아니지만 자랑할 일도 아니다. 이런 대답이 습관이

착한 아이보다 주도적인 아이로 키우는 불량 육아

된 부모는 앞으로 사춘기가 된 아이한테 무시를 받아도 할 말이 없다.

아이는 부모와 나누는 소통뿐만이 아니라 부모가 다른 사람과 하는 의사소통과 다른 사람에게 대하는 매너를 통해서도 소통 방식을 배우게 된다. 매너도 소통에 들어간다. 본인의 아이가 터무니없는 자아도취에 빠져 다른 사람을 무시하는 그런 어른으로 자라길 바라는 부모는 없을 것이다. 아이가 올바른 인성을 가진 어른으로 자라기 위해서는, 부모의 소통 방식과 매너는 너무 중요하다.

길에서 우연히 어느 엄마가 본인의 아이에게 하는 이야기를 들었다.

"공부 안 하고 농땡이만 피우면 저렇게 쓰레기 줍는 사람이나 창문 닦는 사람이 될 거야."

쓰레기 줍는 사람이나 창문 닦는 사람이 그녀에게 무시를 받을 이유는 없다. 어쩌면 그들이 그녀보다 훨씬 더 훌륭한 인성을 갖춘 사람일지도 모른다. 본인이 하는 그런 말이 아이의 무의식에 얼마나 무서운 씨앗을 심어주는 건지도 모르고 함부로 말하는 부모가 많다. 사람의 미래는 아무도 모른다. 미래에 나의 아이가 어떤 직업을 가지게 될지 누가 알겠는가. 만약 그녀의 아이가 자라서 창문 닦는 직업을 가지게 된다면 그 아이는 자신을 실패한 낙오자라고 느끼며 비관적으로 살아가게 될지도 모른다. 사람과의 소통에 기본적으로 깔려 있는 가장 중요한 것은 상대방 인격에 대한 존중감이라는 것을 잊지 말자.

4장_부모의 믿음이 아이를 크게 키운다

"너는 어떻게 생각하는데?"

"그렇게 생각하는 이유가 뭐야?"

아이의 생각을 물어보는 게 습관화되어야 한다. 이러한 질문의 형태는 아이를 나와는 완전 다른 또 다른 인격체로 인정을 하는 것이다. 그리고 아이 스스로가 본인의 인생의 주인으로서 주도적으로 생각하고 표현하는 힘을 키울 수 있게 된다. 엄마와 아빠가 본인의 생각과 의견을 존중하고 있다는 그런 믿음을 일상적인 대화에서 아이가 느낄 수 있도록 부모는 소통 방식에 신경을 써야 한다.

주도적인 아이는 생각의 그릇이 넓고 비판적인 사고를 할 수 있다. 사고의 형태가 유연하며 상대방의 의견을 존중하고 본인의 생각을 적절히 표현하고 매너 있는 행동을 하는 아이들이다. 주도적인 아이로 키우고 싶다면 부모가 먼저 소통하는 방법을 신경 써야 한다. 오늘부터 상대방과 일방통행이 아닌 양방 통행을 하는 똑똑한 부모가 되도록 노력하자.

9

결국 주도적인 아이가 성공한다

성공하는 인생을 산다는 것은 어떤 의미일까? 떵떵거리고 살 정도의 많은 돈을 가지고 살거나 높은 사회적 위치에서 아래를 내려다보면서 사는 인생만이 성공한 인생이라고 생각하지 않는다. 성공이라는 말은 국어사전의 풀이 그대로 목적한 바를 이루는 것이다. 목적을 이루기 위해서 여러 가지 목표를 만들고 이루면서 앞으로 나아가는 것을 성공이라고 본다.

사람은 누구나 목적과 목표가 다른 인생을 살아간다. 안타깝게도 인생의 목적과 목표가 없이 방향감 없이 이리저리 휩쓸려 다니는 사람들은 쉽게 볼 수 있다. 인생의 방향키를 내가 잡고 운전을 하느냐 못 하느냐

차이는, 주도성의 차이이며 이는 인생에 있어 큰 차이를 가져온다.

부모들은 육아를 고민하고 애를 많이 쓴다. 학군이 좋은 동네를 찾아가고 좋다는 학원은 대기라도 해서 들어가려 한다. 독서에 흥미가 없으면서도 육아와 관련된 책은 줄을 그으면서 보려고 노력한다. 나 역시 아이를 좋은 학군에서 키우기 위해 학군 책을 열심히 공부했고 이사를 했다. 서울에 진입하고 싶었다. 하지만 가진 돈에 맞추어 움직여야 하니 차선책으로 일산에 왔다.

지금 동네에 살면서 이전에 살았던 동네랑은 다른 점을 많이 느낀다. 아이가 좀 더 특별하고 성공적인 인생을 살았으면 하는 소망은 부모라면 누구나 갖고 있을 것이다. 각자의 처한 상황에 맞게 최대한의 노력을 하며 아이를 키우고 있다. 이러한 노력을 한다는 것은 아이에게 미치는 환경이 너무나도 중요하다는 것을, 부모라면 이미 알기 때문이다.

우리 집 첫째 아이는 꽤 주도적인 아이이다. 그렇다 보니 주위에서는 주도적으로 키울 수 있었던 비결에 대해서 물어왔다. 이 책을 쓰게 된 이유이기도 하다. 육아는 부모가 자라왔던 성장 배경과 부모의 성격 그리고 현재 상황 등 많은 것들이 영향을 미친다. 소극적이고 부정적인 성향의 부모라면 소극적이고 부정적인 아이가 자라는 것은 어쩌면 당연한 결과이다. 콩을 심은 자리에 콩이 나지 팥이 자라지 않는다. 뿌리를 통째로 바꿀 수는 없다.

하지만 비슷한 콩 중에서 품질이 아주 좋은 콩이 되기 위해 노력하거나, 부모가 콩이 아니라 팥으로 바뀌면 된다. 주도적인 아이로 키우기 위해서는 부모가 주도적이어야 한다. 부모가 나쁜 습관이 있다면 반드시 바꾸어야 한다. 어른이 되어서도 본인이 노력하면 성격과 습관은 바뀐다. 나 또한 바뀌었다. 좋은 책과 좋은 유튜브, 좋은 강연들을 꾸준하게 찾아서 보고 듣고 바뀌도록 노력하면 누구나 더 나은 모습으로 바뀔 수 있다.

커피숍에서 동네 엄마들끼리 모여 수다를 떨면서 금쪽같은 시간을 허비하지 말자. 나는 원고 작업을 하느라 커피숍에서 보내는 시간이 많다. 아이를 등원시키고 난 오전 시간에는 삼삼오오 모인 아이 엄마들로 커피숍은 분주하다. 어느 날은 옆 테이블에 있는 엄마들이 피부 문제를 고민하는 대화를 듣게 되었다.

그녀들은 필러와 보톡스, 레이저 등 갖가지 시술들에 대해 서로가 서로에게 이거 해라, 저거 해라 말하며 두 시간 동안 이야기를 주고받았다. 그 시간에 피부과에 가서 상담을 받으면 한 번에 끝나는 일을 결론도 나지 않는 이야기를 하면서 두 시간을 버리는 걸까. 안타까웠다. 우리는 돈을 쓰는 것에는 아까워하면서 시간을 쓰는 것에는 너무나도 관대하다.

그 시간에 자기 자신을 위해 시간을 투자하자. 목표를 가지고 앞으로

4장_부모의 믿음이 아이를 크게 키운다

나아가는 인생, 실패하더라도 담대하게 받아들이고 또 일어나는 모습. 긍정적이고 매너 있는 언행. 이러한 것들이 바로 아이들이 일상에서 보고 배우는 부모의 모습들이다. 아이들은 당연히 그런 부모의 모습과 놀랄 정도로 닮는다.

얼마 전에 식당에서 한 끼를 해결하고 식당 주변 놀이터에 아이들이랑 들렀던 적이 있었다. 여기저기에 버려진 담배들과 맥주 캔도 문제였지만 초등학생으로 보이는 아이들이 욕을 하면서 폭력에 가까운 장난을 하는 것은 충격이었다. 놀이터에 놀겠다는 우리 집 아이들을 강제로 끌고 나왔다. 그런 불량스러운 동네 분위기에서 자라는 아이들은 그런 환경이 이상하다고 전혀 느끼지 못할 것이다. 자연스럽게 오랫동안 조금씩 스며드는 것이 가장 심각하고 무서운 것이다. 아이를 키우는 데 환경은 두말할 나위 없이 중요하다.

주도적인 아이들의 특징은 스스로 선택하고 스스로 결과에 책임을 지는 태도를 가지고 있다는 것이다. 아이가 미숙한 판단을 하는 바람에 잘못된 결과를 가져와서, 상처를 받지 않을까 노심초사 걱정하는 부모가 참 많다. 엄마가 마음에 드는 옷, 엄마가 좋아하는 맛의 막대 사탕, 엄마가 먹이기 만만한 식당 메뉴, 전문가가 읽으라고 권해주는 아이의 책, 엄마들이 유명하다는 학원.

아이의 인생임에도 불구하고 아이에게 생각을 물어본 적이 얼마나 있는지 돌이켜보자. 무조건 아이의 의견을 100% 따르라는 말이 아니다. 상황에 따라 아이의 의견을 물어보고 조율해나가는 과정이 필요하다. 이 과정에서 아이는 조율을 알고 합리적인 선택을 하는 방법을 배우게 된다.

코로나로 인해 모든 수업이 줌으로 대체가 되었을 때다. 유치원은 그나마 등원할 수 있었지만, 초등학생은 맞벌이하는 엄마에 한해서 긴급 돌봄 반이 운영되었다. 처음에는 첫째 아이가 긴급 돌봄 반에서 시간을 보내고 학원에 갔다가 집에 돌아왔다. 하지만 어느 순간부터 아이는 긴급 돌봄 반에 가지 않겠다고 했다. 혼자 집에서 줌을 접속하고 식사를 해결하고 학원에 가겠다고 했다.

아이는 잘할 수 있다며 본인을 믿으라고 했다. 나는 아이를 믿고 신용카드를 손에 쥐여주었다. 부모가 믿는 만큼, 아이는 주도적인 아이로 크게 된다. 첫째 아이는 혼자 줌을 접속하고 숙제를 하고, 식당에 가서 점심을 사 먹고 학원 몇 군데를 다녀왔다. 학원 가는 길에 편의점에 가서 야무지게 간식을 사 먹기도 했다. 강아지 산책도 잊지 않았다. 첫째는 어디에 던져놓아도 집에 찾아올 강한 아이로 자라고 있었다.

나는 아이에게 이거 했니 저거 했니 꼬치꼬치 물어보지 않는다. 앞으로도 그러할 것이다.

"우리 시우가 잘하고 있다고 엄마는 믿고 있어. 혼자 잘해주니까 고마워."

잊을 만하면 이렇게 아이에게 격려를 해주었다. 실제로 아이는 학원에 지각한 적도 없고 숙제를 안 해서 학원에서 전화를 받은 적도 없었다. 아이는 코로나 시기를 거치면서 더욱 주도적인 아이로 크게 성장할 수 있었다.

주도적으로 인생을 살아가려면 내가 무엇을 좋아하는지, 무엇을 잘하는지를 아는 것이 필요하다. 자신이 좋아하고 잘하는 일을 직업으로 가진다는 것은, 행복하고 성공적인 인생을 살게 될 확률이 높다. 부모라면 아이가 좋아하고 잘하는 일을 찾을 수 있도록 길을 안내하고 최대한 많은 경험을 해볼 수 있도록 애를 써야 한다.

예전에 가수 임창정 씨와 관련된 기사를 본 적이 있다. 자신의 두 아들이 다른 아이를 괴롭히는 것을 목격하게 되었다고 한다. 임창정 씨는 아들들을 데리고 괴롭힌 친구의 집에 찾아갔고 그 아이의 부모 앞에서 무릎을 꿇고 용서를 빌었다는 이야기이다. 무릎을 꿇는 아빠를 본 아이들은 그 후에 누구를 괴롭히는 일이 없었다고 한다.

나는 이 기사를 보고 임창정 씨의 용기에 박수를 보냈다. 많은 부모의 가슴에 울림을 주는 모범이 된 사례이다. 그날 임창정 씨의 아이들은 잘못을 인정하는 것과 용서를 구하는 것을 배웠을 것이다. 또 본인의 잘못

착한 아이보다 주도적인 아이로 키우는 불량 육아

이 누군가에게 상처를 줄 수 있다는 것을 확실하게 알게 되었을 것이다. 용서를 구하는 건 부끄러운 것이 아니다. 잘못을 숨기며 어영부영 넘기려 하는 것이 부끄러운 일이다. 제발 그런 부끄러운 부모가 되지 말자.

주도적으로 인생을 사는 사람은 옳고 그름을 구분하며 자신의 잘못을 인정하고 용서를 구할 줄 아는 사람이다. 사랑하는 아이가 거침없이 꿈을 꾸며 앞으로 나아가길 바란다면, 주도적인 아이로 키워야 한다. 주도적인 아이는 꿈을 가지고 있으며 현명하고 용감하며 인내력이 강한 사람이다. 결국은 이런 주도적인 아이가 성공하는 미래의 인재이다.

아이가 주도적인 인생을 살기를 바란다면, 부모가 먼저 자신의 인생을 살아야 한다. 누구의 엄마, 누구의 아빠가 아닌 본인의 이름으로 열정적으로 꿈꾸며 사는 인생을 살아가자. 그런 부모를 보고 자라는 아이는 주도성이라는 값진 씨앗의 싹을 반드시 틔우게 될 것이다. 당신과 당신의 사랑스러운 아이의 주도적인 인생을 응원한다.